Pedro Claudio Rodríguez

INTRODUCCION A LAS MEDICIONES ELECTRICAS

Uso de testers, multímetros y osciloscopios

2ª Edición 2007

Libreria y Editorial Alsina

Parana 137 -buenos aires
argentina tel.(54)(011)4373-2942 y
telefax (54)(011)4371-9309

Copyright by LIBRERÍA Y EDITORIAL ALSINA

http://www.lealsina.com e-mail: alsina@lelsina.com

Queda hecho el depósito que establece la ley 11.723
Buenos Aires, 2007

Rodríguez, Pedro Claudio
Introducción a las medciones eléctricas-1ª ed.1ª reimp-
Buenos Aires : Librería y Editorial Alsina, 2007.
64 p. ; 18x13 cm. (Editorial auxiliar técnico; 8)

ISBN 978-950-553-074-8

1. Electricidad.2 . Mediciones I. Título
CDD 621.374

Diseño de Tapa, diagramación, gráficas y
armado de interior: Pedro Claudio Rodríguez
Telefax: (54) (011) 4372-3336

I.S.B.N. 978-950-553-074-8

INDICE GENERAL

CAPITULO 1: MEDIDAS ELÉCTRICAS

CAPITULO 2: INSTRUMENTOS ANALÓGICOS

CAPITULO 3: INSTRUMENTOS DIGITALES

CAPITULO 4: OSCILOSCOPIOS

CAPITULO 5: PROCEDIMIENTOS DE MEDICIÓN

CAPITULO 1

MEDIDAS ELÉCTRICAS

Introducción General

Podemos definir a las mediciones eléctricas como la determinación numérica de valores eléctricos instantáneos (en un instante dado) o en un período de tiempo prefijado (valor medio). Dichas mediciones eléctricas son realizadas por medio de diversos medidores, instrumentos, circuitos y dispositivos especiales. Para poder realizar comparaciones entre diferentes valores eléctricos medidos, se debe poseer un sistema de unidades que resulte compatible. Para ello, se describirá a continuación este asunto.

Descripción sobre las unidades de medida

Tanto las mediciones a realizar como los instrumentos a emplear para tal fin son denominados con símbolos, unidades y términos, los cuáles en la mayoría de los casos son de uso exclusivo en electricidad, electrotecnia y electrónica. El poder familiarizarse con ellos facilitará la comprensión de lo que se pretende describir en este libro. Se describirán conceptos básicos sobre los sistemas de unidades, formas de onda, frecuencia, fase, valor medio, valor eficaz, etc.

Unidades a utilizar

Para poder unificar criterios sobre las diferentes medidas eléctricas que se describirán en esta obra, principalmente las cantidades a mensurar, fijaremos un sistema de unidades que será mantenido en todo el texto para los diferentes factores a evaluar. El sistema de medidas adoptado es el Sistema Internacional de Unidades (SI).

En la Tabla 1.1 (pág. 2) se describen las unidades eléctricas frecuentemente empleadas pertenecientes a dicho sistema.

Antiguamente el SI se lo conocía como sistema MKS (metro, kilogramo, segundo), ya que con dichas unidades se definían las restantes.

TABLA 1.1

Cantidad	Unidad	Símbolo
Longitud	metro	m
Masa	kilogramo	kg
Tiempo	segundo	s
Corriente	ampère	A
Temperatura	grado Kelvin	°K
Voltaje	volt	V
Resistencia	ohm	Ω
Capacitancia	faradio	F
Inductancia	Henry	H
Energía	Joule	J
Potencia	watt	W
Frecuencia	hertz	Hz
Carga	coulomb	C N
Fuerza	newton	Wb
Flujo magnético	weber	
Densidad de flujo	weber/metro^2	W/m^2

Antes de 1960, existían otros sistemas de unidades de uso corriente como el CGS (centímetro, gramo segundo) y el sistema inglés (pie, libra, segundo). De encontrar en alguna publicación unidades pertenecientes a estos sistemas, se pueden aplicar factores de conversión para ser llevados al Sistema Internacional en vigencia.

Corriente eléctrica

Podemos definir la corriente eléctrica como el número de cargas q que se trasladan de un punto a otro en un tiempo t. Matemáticamente lo podemos expresar como:

$$i = \frac{q}{t}$$

siendo:

i = corriente eléctrica [A]

q = cargas eléctricas [C]

t = tiempo [s]

De lo antedicho, afirmaremos que se establecerá una corriente de 1 Ampère cuando la carga transportada sea de 1 Coulomb en 1 segundo.

Para denominar las corrientes pequeñas, por una cuestión de comodidad, se utilizan múltiplos del Ampère. Ellos son el miliampère (1 mA = 10^{-3} A), el microampère (1 μA = 10^{-6} A) y el picoampère (1 pA = 10^{-9} A).

Las cargas en movimiento que conforman las corrientes eléctricas se pueden establecer en diversos medios (medio líquido, sólido o gaseoso). Habitualmente, en los circuitos eléctricos o electrónicos las corrientes se producen en sólidos (conductores, semiconductores, inductores, resistores, etc.) o en el vacío (válvulas amplificadoras de alto vacío). Sin embargo, en dispositivos como acumuladores, pilas galvánicas o cubas electrolíticas se produce una circulación de corriente eléctrica a través de un líquido conteniendo compuestos químicos (denominado electrolito) que se disocia en iones, tema que no se desarrollará en este libro.

Voltaje y Diferencia de Potencial

Se denomina voltaje o potencial al valor de tensión existente en un punto determinado y otro tomado como referencia. El punto de referencia puede ser tierra (potencial cero) o cualquier otro punto con un potencial diferente a cero. Si tomamos los valores de dos puntos diferentes referidos a uno común de referencia, denominaremos diferencia de potencial a la diferencia existente entre los potenciales medidos (tomados con el mismo punto de referencia). Dicho valor numérico será igual al voltaje medido en forma directa entre los dos puntos en cuestión.

Se dice que dos puntos de un sistema tienen una diferencia de potencial de 1 Volt si es necesaria una energía de 1 Joule para transportar una carga de 1 Coulomb entre dichos puntos, es decir:

$$[\text{volt}] = \frac{[\text{joule}]}{[\text{coulomb}]}$$

Formas de Onda

Los valores instantáneos de una determinada señal eléctrica cualquiera se puede graficar en función del tiempo. La gráfica así obtenida se denomina forma de onda. Si el valor graficado se mantiene constante en función del tiempo, se tratará de una señal continua o de corriente contínua (CC). En cambio, si dicha gráfica varía en función del tiempo, se trata de una señal variable o de corriente alterna (CA). En el caso específico que dicha señal se repita en forma reiterada cada cierta cantidad de tiempo (independientemente de la forma de onda repetitiva), se trata de una señal u onda periódica. El tiempo que dicha señal demora en reiterar su forma de onda se denomina período T. La señal periódica más común es la senoide (función matemática seno), sobre la que estudiaremos sus valores más importantes. La expresión matemática para una tensión alterna senoidal es:

$$v = V_o \, \text{sen} \, \omega \, t = V_o \, \text{sen}(2\pi \cdot f \cdot t)$$

en donde V_o se denomina valor de tensión de pico; ω es la pulsación (equivalente a 2π f); t es el tiempo y f la frecuencia.

En este punto, definiremos los términos enunciados. La frecuencia f en una señal periódica cualquiera es el número de ciclos que se producen por unidad de tiempo. Se mide en ciclos por segundo o Hertz (abreviatura Hz). El período T es el tiempo que demora en desarrollarse un ciclo completo de cualquier señal periódica.

El período T y la frecuencia f son inversamente proporcionales, o sea que T y f son inversas, es decir:

$$f = \frac{1}{T}$$

Además, como un ciclo de cualquier señal periódica se desarrolla en el transcurso de 2π radianes, multiplicándolo por la frecuencia f obtendremos la pulsación o frecuencia angular ω (en radianes por segundo). Ello lo expresamos matemáticamente como:

$$\omega = 2\pi \, f = \frac{2\pi}{T}$$

Lo explicado hasta aquí se observa en la ilustración de la figura 1.1. En ella está el valor de pico V_o (positivo y negativo) y el período T para un desarrollo de 2π radianes. La amplitud existente entre el valor de pico positivo y el negativo se denomina valor de tensión pico a pico. En el caso ilustrado, la tensión pico a pico es igual al doble de la tensión de pico V_o.

Se dice que dos señales periódicas senoidales se encuentran desfasada entre sí cuando existe un ángulo de desfasaje θ entre los valores cero con pendiente positiva de cada señal. Analicemos esto con la Fig. 1.2.

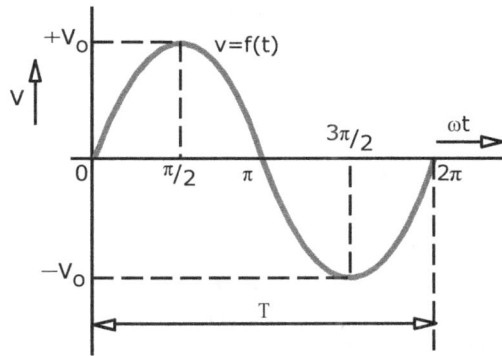

Fig. 1.1 Representación de una señal periódica senoidal

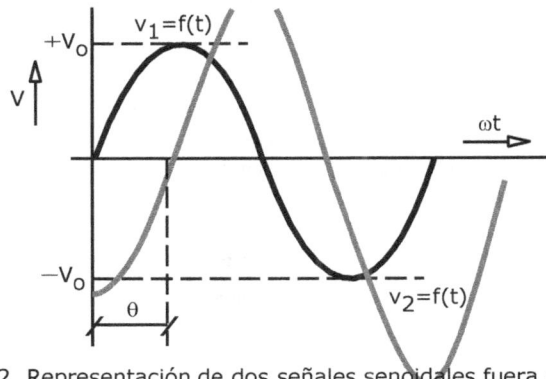

Fig. 1.2 Representación de dos señales senoidales fuera de fase

En ella, observamos dos señales senoidales de la misma amplitud V_0 con la misma frecuencia f. La señal v_1 está representa en negro, mientras que la v_2 se encuentra ilustrada en rojo. Ellas se encuentran desfasadas un ángulo θ. Describiendo la señal v_1 matemáticamente como:

$$v_1 = V_0 \, \text{sen} \, \omega t$$

podemos expresar matemáticamente la señal v_2 como:

$$v_2 = V_0 \, \mathbf{sen}(\omega t - \theta)$$

Con esta última expresión matemática, estamos afirmando que la señal v_2 se encuentra retrasada un ángulo θ respecto a v_1, ya que la señal v_2 se inicia un cierto ángulo θ posterior al inicio de v_1, y no como suele suponerse en forma errónea que es a la inversa por aparecer esta a la derecha de la señal inicial.

Valor Medio y Valor Cuadrático Medio (RMS)

Cuando los valores o señales aplicadas a un cierto sistema eléctrico (tensiones o corrientes) son constantes, resultan de fácil cálculo las potencias disipadas en un lapso determinado de tiempo. Además, las mediciones que se puedan realizar sobre dichas señales constantes representan los valores reales que estas mismas poseen.

Cuando las señales aplicadas a un determinado sistema eléctrico son variables en función del tiempo, se deben obtener mediciones que representen en si mismas tales variaciones de dicha señal. Por ejemplo, se puede determinar sobre ellas su valor medio y su valor cuadrático medio (RMS). Estos valores, que ahora serán descriptos en detalle, permiten comparar efectividad de distintas formas de onda respecto de otras a ser aplicados en circuitos eléctricos específicos.

El valor medio de una señal periódica cualquiera que varía a lo largo de su período T se define como:

$$\mathbf{Valor\ medio} = \frac{\mathbf{Area\ bajo\ la\ curva}}{\mathbf{Periodo\ [segundos]}}$$

Aplicando una expresión matemática más avanzada, obtenemos:

$$\mathbf{Valor\ medio} = \frac{1}{T} \int_0^T f(t)\ dt$$

El valor cuadrático medio ó RMS (del inglés Root Mean Square) ó eficaz es utilizado con mayor frecuencia que el valor medio. Esto se debe a que el valor medio de una señal simétrica (iguales áreas debajo de la curva tanto positivas como negativas) es cero, y este dato no aporta ninguna información útil sobre las propiedades de la misma. El valor eficaz de una señal se relaciona con la energía que debería ser suministrada por una señal continua a un mismo circuito eléctrico para obtener idénticos resultados que con la señal periódica alterna.

Para su cálculo, se eleva al cuadrado la función de dicha onda (hace que los valores obtenidos sean siempre positivos aunque la señal posea valores negativos) sobre la cual se calcula su valor medio y se efectúa la raíz cuadrada del resultado obtenido.

Matemáticamente se expresa como:

$$\text{Valor RMS (eficaz)} = \sqrt{\text{Valor medio } [f(t)]^2}$$

Para una onda dada f(t), el valor RMS se halla aplicando:

$$\text{Valor RMS (eficaz)} = \sqrt{\frac{1}{T} \int_0^T [f(t)]^2 \, dt}$$

Valor de pico y de pico a pico

El valor de pico o de cresta es el valor instantáneo máximo que alcanza una señal variable en función del tiempo f(t). Este valor, en el caso de una señal senoidal, tiene un valor máximo positivo y otro máximo negativo (según a lo indicado en la fig. 1.1 como $+V_0$ como la tensión de pico positivo y $-V_0$ como la tensión de pico negativo), los cuales poseen igual valor numérico (la misma magnitud) pero distinto signo o polaridad.

Generalmente, la notación del valor de pico o de cresta para tensiones V se realiza como: $\qquad V_p \quad \text{ó} \quad \hat{V}$

Es habitual mencionar los valores pico a pico, los que reflejan la diferencia existente entre el valor máximo positivo y el valor máximo negativo. La notación de los valor de pico a pico para tensiones V se realiza como: $\qquad V_{pp} \quad \text{ó} \quad \hat{V}$

Si bien hemos utilizado valores de tensión V en los ejemplos de notación, también pueden ser expresados valores de corriente I de pico y de pico a pico. Esto es aplicable a cualquier señal X=f(t), sea simétrica o no. En el caso que la señal periódica no sea simétrica, el valor numérico del

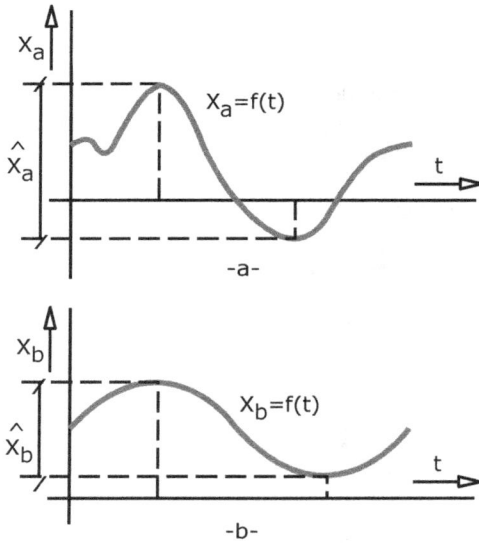

Figuras 1.3 a y b

pico positivo puede diferir de su pico negativo (fig. 1.3a).

Si la señal periódica se encuentra montada sobre un valor dado de corriente continua (en el ejemplo, un valor positivo), puede darse que no exista cambio de signo entre los valores de pico denominándolos en este caso pico máximo y pico mínimo (fig. 1.3b).

Los valores de pico o cresta son aplicables a todas las señales periódicas, es decir, todas aquellas señales que repiten su forma de onda transcurrido un período T, el cual dependerá (según lo ya explicado) en forma inversamente proporcional del valor de frecuencia f que la misma posea.

En caso de una señal errática asimétrica no periódica (por ejemplo el ruido blanco), se podrá utilizar el concepto de valores pico sólo para indicar valores máximos y mínimos en que dicha señal se halla enmarcada, es decir, para indicar la banda más probable en que esta señal se desarrolla.

Resistencia eléctrica y Potencia disipada

La cantidad de corriente I que circule por un circuito o parte de este quedará fijada por el valor de tensión V ó E que sea aplicada y por la resistencia R que la corriente eléctrica circulante encuentre a su paso. De lo antedicho, podemos introducir el término resistencia eléctrica R, afirmando que el valor de la misma es directamente proporcional a la tensión E aplicada entre sus terminales e inversamente proporcional a la corriente I que la atraviese. La unidad de medida de la resistencia es el Ohm, simbolizado con la letra griega omega mayúscula (Ω).

Matemáticamente lo expresamos de la siguiente manera:

$$R[\Omega] = \frac{E[V]}{I[A]}$$

Lo enunciado anteriormente se lo conoce como Ley de Ohm. Para que se produzca una potencia disipada sobre una carga resistiva, deberá existir una tensión E aplicada sobre ella para que circule una corriente I.

Diremos que se producirá una potencia disipada P sobre la resistencia R proporcional al producto de la tensión E aplicada y la corriente I que la atraviese, expresándose matemáticamente dicha relación como:

$$P = E \cdot I$$

Siendo la unidad de medida de la tensión el Volt (V) y de la corriente el Ampère (A), la unidad de medida de la potencia será el Volt-Ampère (VA) para circuitos de corriente alterna y el Watt (W) para circuitos de corriente contínua. Aplicando lo observado en las expresiones matemáticas anteriores, despejando y reemplazando, vemos que:

$$P = R \cdot I^2 = \frac{E^2}{R}$$

En el caso de circuitos resistivos puros (compuestos sólo por resistencias), el valor resistivo R (para corriente continua) equivale a la impedancia Z (para corriente alterna) debido a que los resistores no producen desfasaje alguno entre el vector tensión $\bar{V}$ y el de corriente $\bar{I}$.

En caso de tratarse de circuitos con cargas inductivas y/o capacitivas, las expresiones matemáticas detalladas se cumplirán vectorialmente, es decir, contemplando los ángulos de desfasaje que cada vector posea.

Capacitancia

La capacitancia es el efecto que produce un dispositivo denominado capacitor o condensador eléctrico capaz de poder almacenar una carga eléctrica. Su estructura básica consiste en dos placas metálicas separadas entre si y aisladas una de la otra por un material aislante denominado dieléctrico. Los cuerpos que poseen cargas eléctricas contrarias se atraen entre si por una fuerza cuya intensidad se calcula mediante la Ley de Coulomb. Esta fuerza dependerá de la intensidad del campo eléctrico q y del voltaje v entre esos cuerpos. La relación existente entre carga y voltaje resulta constante. Esta se expresa matemáticamente como:

$$\frac{q}{v} = C$$

A la constante C se le llama capacitancia. Su unidad de medida es el Faradio (F), y se expresa como:

$$1 \text{ Faradio} = \frac{1 \text{ Coulomb}}{1 \text{ Volt}}$$

El Coulomb resulta una cantidad muy grande de carga y la cantidad de carga almacenada en la mayoría de los capacitores es más pequeña que ella. Esto hace que el Faradio como unidad de medida sea demasiado elevado para mensurar los valores de capacidad. Por ello, es común ver la capacidad expresada en fracciones de Faradio, como por ejemplo en picofaradios ($1 \text{ pF} = 10^{-12} \text{ F}$) o en microfaradios ($1 \text{ μF} = 10^{-6} \text{ F}$).

Cuando se aplica una tensión sinusoidal v(t) entre los terminales de un capacitor (considerándolo como carga capacitiva pura), el mismo tiende a cargarse al valor instantáneo de dicha señal. La corriente de carga del capacitor i(t) seguirá las fluctuaciones de la señal de corriente alterna, mientras que la tensión sobre el capacitor v(t) sufrirá un desfasaje de –90° (desde el punto de vista vectorial) respecto a la corriente i(t) del mismo. La impedancia que ofrecerá el capacitor al pasaje de corriente alterna se denomina reactancia capacitiva X_C, y es función del valor de capacidad C y de la frecuencia f de la señal aplicada. En forma matemática se expresa en la siguiente ecuación como:

$$X_C = \frac{1}{\omega \cdot C}$$

pero como: $\qquad \omega = 2\pi \cdot f$

$$X_C = \frac{1}{2\pi \cdot f \cdot C}$$

Podemos deducir por simple observación de la ecuación precedente, que el valor de reactancia X_C es inversamente proporcional al valor de la capacidad C y al de la frecuencia f (o de la pulsación ω). Es decir que cuanto mayor sea la frecuencia f, menor será el valor de la reactancia capacitiva X_C, de igual manera ocurrirá con incrementos en el valor de la capacidad C.

Inductancia

La inductancia es la propiedad que poseen determinados dispositivos, llamados inductores, los cuales reaccionan ante cualquier variación en la corriente que los atraviesa. Los inductores son componentes diseñados para ser empleados en determinadas aplicaciones con el propósito de oponerse a cambios bruscos en la corriente que los atraviesan (principio de Inducción) y así efectuar una función de control.

Michael Faraday (1791-1867) investigó los campos magnéticos y los concibió como líneas de fuerza partiendo de un polo magnético y retornando hacia el opuesto. La cantidad total de líneas de fuerza generadas por el magneto definen su flujo magnético. La cantidad de flujo por unidad de superficie se denomina densidad de flujo B.

La intensidad del campo magnético queda determinada por la fuerza que ejerce sobre un bobinado determinado la corriente que lo atraviesa. La ley de Biot-Savart establece que si el bobinado del inductor es atravesado por una corriente I y si el mismo se encuentra perpendicular al campo magnético, la fuerza F sobre el bobinado en cuestión estará en dirección perpendicular a ambos y resultará proporcional a la densidad del flujo magnético B establecido, al valor de corriente I y a la longitud del bobinado l. Matemáticamente lo expresamos como:

$$B = \frac{F}{I \cdot l}$$

Si la corriente aplicada a la bobina es continua, se generará un campo magnético constante (electroimán) con un polo norte N y un polo sur S perfectamente definidos. En cambio, si la corriente aplicada varía en función del tiempo, el valor de la corriente i(t) producirá un campo magnético variable. La energía eléctrica fluctuante transformada en energía magnética, producirá una fuerza electromotriz (f.e.m.) por la cual se generará una tensión inducida sobre la misma bobina de sentido contrario a la variación del voltaje aplicado.

La fuerza electromotriz es directamente proporcional a la velocidad con que cambie la corriente que atraviese la bobina. Se denomina coeficiente de autoinducción L a la velocidad de variación de la corriente. Dicho coeficiente L se expresa en Henry (H). Un circuito posee 1 Henry de autoinducción cuando al variar la corriente a través de la bobina a una velocidad de 1 Ampere por segundo (A/s) se induce en él una tensión de 1 volt. Matemáticamente se expresa como:

$$V_L = L \frac{\partial i}{\partial t}$$

En corriente alterna, el inductor presentará una impedancia llamada reactancia inductiva X_L; que será directamente proporcional al coeficiente de autoinducción L y a la frecuencia f. Dicho valor se expresa en ohm (Ω) y está definida matemáticamente como:

$$X_L = \omega.L = 2\pi.f.L$$

Obsérvese que al igual que la reactancia capacitiva X_C, la reactancia inductiva X_L depende de la frecuencia. Sin embargo, para los inductores la reactancia aumenta con un aumento de la frecuencia f.

Los inductores reales poseen una resistencia interna, propia del alambre con que están confeccionados. Este valor de resistencia, por lo general no se especifica, pero se emplea un factor llamado factor de calidad Q, el cual da la relación entre la reactancia inductiva con respecto a su resistencia a una frecuencia de trabajo específica, es decir:

$$Q = \frac{\omega.L}{R} = \frac{2\pi.f.L}{R}$$

Para finalizar, los inductores producen desfasajes entre la tensión y la corriente, tal como ocurre con los capacitores, pero en este caso con la corriente atrasada 90° respecto a la tensión de suministro.

CAPITULO 2

INSTRUMENTOS ANALÓGICOS

Introducción

Los instrumentos eléctricos son dispositivos utilizados para la medición de valores o cantidades eléctricas, o bien para la medición de otros factores relacionados con medidas eléctricas. Existen dos tipos de instrumentos, los analógicos y los digitales. Los instrumentos analógicos, en su gran mayoría, indican el resultado de las mediciones efectuadas mediante el posicionamiento de un indicador de aguja sobre una escala calibrada. La exactitud con la que el instrumento de el valor real o cantidad que es evaluada dependerá del refinamiento en el diseño del instrumento, y en el cuidado y exactitud aplicado al proceso de manufacturación.

Por consiguiente, los instrumentos de gran exactitud son más costosos que los de poca exactitud. Una exactitud habitual en instrumentos analógicos comerciales de alta calidad es de 0,25% para mediciones a plena escala. Se obtienen exactitudes mayores para instrumental de laboratorio, donde 0,1% es la exactitud usual. Para un uso generalizado, exactitudes del 2 al 5% son suficientes. Los instrumentos digitales, en cambio, resultan más insensibles a los golpes, cambios de temperatura, humedad, etc. Además no poseen partes móviles, y con ellos se obtiene una buena calidad en las mediciones realizadas y el error porcentual quedará limitado a una posible variación en el último dígito de la medición efectuada, según la escala empleada para efectuar la misma.

Errores de medida en los instrumentos analógicos

Los errores de lectura en los instrumentos analógicos pueden ser causados por diversos motivos. Si los errores en el instrumento son provocados por problemas de mecanismo, pueden deberse a maltrato (caídas, golpes, etc.) o por uso inapropiado del mismo. En cambio, son más habituales los errores por lectura de los valores obtenidos en la medición. Dentro de ellos, el primer error que se tiene en la lectura es el llamado error por aproximación, y el mismo se produce al determinar el valor de la medición indicada por la aguja a un valor numérico aproximado tabulado en la escala del instrumento. Al realizar esta aproximación, se produce en forma conjunta un segundo error, denominado error de paralaje. Este segundo error sucede cuando el observador no se encuentra bien ubicado frente al instrumento, modificando el ángulo de lectura y provocando errores en la proyección de la aguja sobre la escala. En la fig. 2.1 se ilustran esquemáticamente dos posiciones frente al instrumento y la variación en el valor obtenido en cada uno de dichos puntos. La posición A es la correcta (perpendicular al plano de lectura). Para evitar este error, algunos instrumentos poseen una banda o sector espejado en la escala para así tener una proyección perpendicular al plano de lectura de la aguja sobre ella.

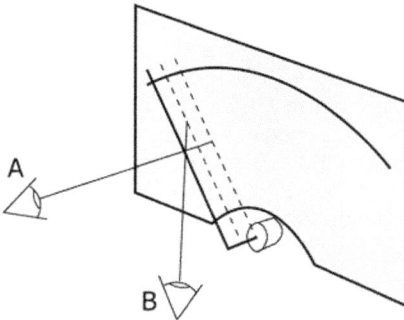

Fig. 2.1 Posiciónes de lectura

Principio del Instrumento de D'Arsonval

Se usan varios y diferentes principios esenciales en el funcionamiento de los instrumentos analógicos. El más básico es el instrumento de D'Arsonval, el que utiliza la fuerza ejercida (torque) entre el campo magnético de un imán permanente y el flujo de corriente en un bobinado de alambre. Este torque es equilibrado por la fuerza de un resorte, y para cada valor diferente de corriente circulante por su bobinado, habrá una posición definida del indicador o aguja fijada a la parte móvil. En un instrumento real, el bobinado de alambre se fabrica lo más liviano posible y sus tamaños van desde 6 x 9 mm a 25 x 12 mm. La bobina se montará sobre apoyos de bajo rozamiento dispuesta en el centro de un potente campo magnético (proveniente de un imán permanente). Los dos resortes con forma de espiral sirven, además, como conexiones para transportar la corriente desde y hacia el bobinado.

El instrumento de D'Arsonval responde esencialmente a la corriente que circule a través de su bobina. Básicamente es un amperímetro o, con más precisión, un microamperímetro o miliamperímetro, ya que sus lecturas a plena escala pueden estar en el orden de 50 microamperes a 50 miliamperes, dependiendo ello de su diseño y construcción. Para poder utilizar el instrumento en la medición de corrientes mayores, se dispone de una resistencia R_S, llamada "Shunt", la cual se conecta en paralelo con la bobina móvil. Con ello sólo una proporción definida de la corriente circulante total atravesará el bobinado en cuestión. De esta manera, puede modificarse el fondo de escala del intrumento, permitiendo realizar mediciones de varios miles de ampère (Fig. 2.2).

También es posible obtener un voltímetro partiendo del instrumento de D'Arsonval conectando a éste una resistencia R_M de un valor óhmico conveniente en serie con su bobina móvil (resistencia multiplicadora). El voltaje surgido por la combinación mencionada es por aplicación de la ley de Ohm el resultado del valor de la resistencia R_M multiplicada por la corriente I indicada por el instrumento de D'Arsonval, reconvirtiéndo mediante este cálculo la escala original y así calibrarla en volt (Fig. 2.3).

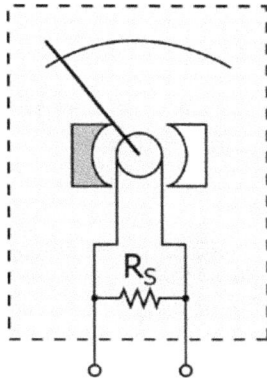

Fig. 2.2 Conexión de una   Fig. 2.3 Conexión de una
resistencia Shunt   resistencia Multiplicadora

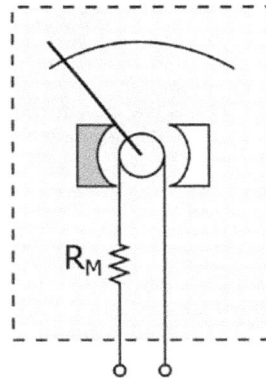

En los instrumentos de D'Arsonval, la desviación de la aguja es directamente proporcional a la corriente que fluye por su bobina siempre que el campo magnético sea uniforme y la tensión del resorte sea lineal. Sólo en este caso, la escala de medida será lineal. Para asegurarse que un instrumento de este tipo pueda responder proporcionalmente a las fuerzas que surgen por el pasaje de corriente a través de su bobina móvil será necesario mantener al mínimo posible las fricciones que se opongan a dicho movimiento. En la fig. 2.4 se observa en forma esquemática un instrumento de bobina móvil de D'Arsonval.

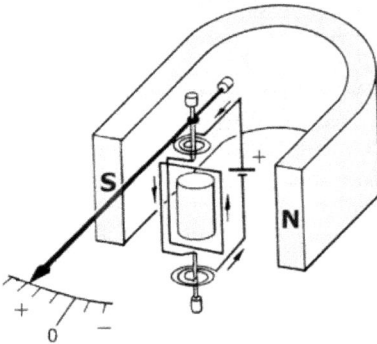

Fig. 2.4 Esquema de un instrumento de D'arsonval con cero al centro (galvanómetro)

Se usan los instrumentos de D'Arsonval como componente de muchos otros tipos de instrumentos de medida. Resulta el dispositivo básico para la transformación de una medida eléctrica en una indicación o lectura sobre una escala graduada. Los óhmmetros y voltímetros analógicos usan miliamperímetros de D'Arsonval en conjunto con circuitos eléctricos y electrónicos, diseñados para darle al instrumento las características de medición deseadas.

Electrodinamómetro

Los instrumentos denominados electrodinamómetros están conformados por una bobina móvil similar a la utilizada en el instrumento de D'Arsonval la cual es interpuesta en el campo magnético generado por un electroimán (a diferencia del campo magnético proveniente de un imán permanente). Cuando la corriente fluye a través de la bobina móvil y del bobinado del electroimán (también denominado bobinado fijo), se produce una fuerza o torque en la bobina móvil proporcional al producto de la corriente en dicha bobina y la corriente en el bobinado fijo. Este torque es neutralizado por el torque del espiral, y la bobina toma una posición estable y fija cuando estos dos valores de torque se encuentran igualados. La proporcionalidad entre el torque producido sobre la bobina móvil y el producto de las dos corrientes cambia en función de las posiciones relativas adoptadas por los bobinados, lo que equivale decir que la desviación angular de la bobina móvil no resultará proporcionalmente lineal al producto de ambas corrientes. De hecho, en algunos instrumentos, se utilizan espirales compensadores con formas geométricas especiales (o espirales múltiples) para así poder obtener una escala que resulte lo más lineal posible en la mayor parte del rango de medición del instrumento.

El electrodinamómetro normalmente es utilizado como un instrumento de medición de potencia (wattímetro), haciendo que la corriente hacia la carga fluya a través del bobinado fijo y el voltaje por la carga sea aplicada a un circuito serie que contenga una resistencia multiplicadora en serie con la bobina móvil. En dicho montaje, el torque instantáneo en la bobina móvil será proporcional a la potencia instantánea sobre la carga, ya que es proporcional al producto del voltaje instantáneo y la corriente instantánea sobre la misma. La inercia que posea el sistema rotacional de la bobina móvil deberá ser el suficiente para que ejerza una acción de promedio sobre las fluctuaciones instantáneas que ocurren dentro de un ciclo de corriente alterna, y para que así el wattímetro indique la potencia media. Este sistema es usado para la medición de la potencia consumida en circuitos de corriente alterna. Cuando la frecuencia de la corriente alterna de suministro supera los 150 ciclos por segundo (150 Hz), este instrumento comienza a perder exactitud, principalmente debido a la inductancia de los bobinados y a las capacitancias parásitas.

Conectando ambos bobinados en serie (el móvil y el fijo), el electrodinamómetro se puede usar como amperímetro o bien como voltímetro de igual manera que lo especificado para el instrumento de D'Arsonval. Debido a que la corriente que se está midiendo determina tanto la intensidad del campo magnético como la interacción con la bobina móvil, la deflexión resultante de la aguja indicadora será proporcional al cuadrado de dicha corriente (i^2). Al ser utilizado para mediciones de corriente alterna, la aguja tomará una posición proporcional al promedio de la corriente elevada al cuadrado. La escala se podrá calibrar para indicar la raíz cuadrada de dicho valor, es decir el valor eficaz o RMS.

Si bien las lecturas con este instrumento poseen una gran precisión, su principal desventaja radica en las necesidades de potencia que se requieren para su correcto funcionamiento. Esto quiere decir que la sensibilidad de los electrodinamómetros es bastante baja. Cuando se emplea como voltímetro, la sensibilidad está entre los 10 y los 30 Ω/V.

Se han implementado modificaciones en el electrodinamómetro (involucrando dos bobinas en el sistema móvil y uno o dos bobinados fijos) para que este instrumento pueda ser usado como fasímetro, medidor de factor de potencia (cofímetro), y medidor de frecuencia (frecuencimetro). En estos instrumentos los dos bobinados de cada par se disponen a un cierto ángulo entre sí y son energizados con la ayuda de circuitos auxiliares especiales.

Instrumento de hierro móvil o de ambas corrientes

Este tipo de instrumento normalmente se usa para la medición de corrientes o voltajes alternos. Su sistema móvil comprende un pequeño trozo de hierro dulce, llamado hierro móvil, montado sobre un eje equipado con un resorte o espiral compensador y una aguja.

El hierro móvil está montado en la proximidad de un núcleo estacionario de hierro dulce el cual posee un bobinado excitador. Cuando la corriente fluye por el bobinado, las fuerzas de atracción y repulsión aparecen entre las dos piezas de hierro, y si sus formas geométricas son las apropiadas, se producirá una fuerza o torque en la bobina móvil que causará la deflexión de la aguja por sobre el valor de reposo.

Se han desarrollado varios tipos de formatos o geometrías para las partes móviles y fijas, la mayoría de las cuales fueron diseñadas para operar con un bobinado coaxial con el eje de rotación del sistema móvil del instrumento.

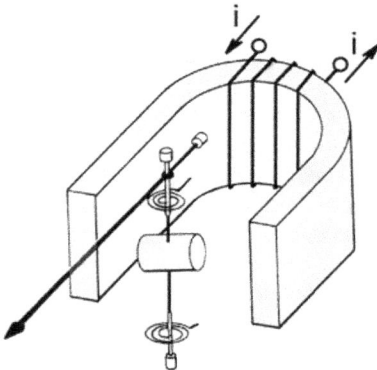

Fig. 2.5 Esquema de un instrumento de hierro móvil (ambas corrientes)

Debido a que dicho bobinado es estacionario, y es por el que circulará la corriente i del circuito eléctrico en el que se deseen realizar mediciones, se pueden estudiar diferentes relaciones de transformación (modificando el número de espiras) para poder obtener una gran gama de rangos de corriente. Con sólo unas vueltas en la bobina, se pueden medir corrientes mucho más elevadas que las que son posibles medir en un instrumento electrodinámico. Los voltímetros de hierro móvil emplean resistencias multiplicadoras serie como en el caso de los instrumentos de D'Arsonval.

Los instrumentos del hierro móvil son útiles para efectuar mediciones en corriente continua y en corriente alterna de baja frecuencia, ya que pierde exactitud a frecuencias más altas. Igualmente, las mediciones realizadas con este tipo de instrumento no resultan de gran calidad, y sólo se incrementa su precisión en la parte alta de la escala (los valores ubicados desde el 75% de la escala hasta el 100% de ella).

Termocuplas o Termopares

Los instrumentos con termocuplas utilizan la acción del calor como productor de una variación en la corriente circulante por una resistencia. El incremento resultante en la temperatura es medido por un incremento en la corriente generada por la termocupla que a su vez acciona un sensible microamperímetro de D'Arsonval. Para obtener una respuesta rápida, la resistencia en la que el calor se desarrolla, que forma parte de la termocupla, se fabrica en tramos pequeños de alambre. De esta forma es posible otorgarles una inercia térmica pequeña, permitiéndoles una rápida variación en función de los cambios de temperatura. Las termocuplas son utilizadas también en equipos digitales de medición. Las mismas son denominadas transductores térmicos o termopares. Ellas están construidas con un par de metales diferentes unidos por uno de sus extremos. Al variar la temperatura, se genera una diferencia de potencial entre ambos terminales. Este principio fue descubierto en el año 1821 por T. J. Seebeck (por ello llamado efecto Seebeck). La magnitud de dicha diferencia de potencial es bastante pequeña (del orden de los milivolt). Un valor estándard para un termopar Cromel-Alumel es de 0,04 mV/°C.

Los metales más habituales para la confección de termocuplas son los detallados a continuación, a saber:

- Hierro (Fe) y Constantán (Cu-Ni)
- Cromel (Cr-Ni) y Alumel (Al-Ni)
- Platino (Pt) y Platino-Rhodio (Pt-Rh)

Los conductores de conexión al termopar son construídos específicamente para cada uno de ellos, con la finalidad de que se encuentren perfectamente compensados.

En el gráfico descripto a continuación (Fig. 2.6), se dan las características de de salida de los termopares más habituales.

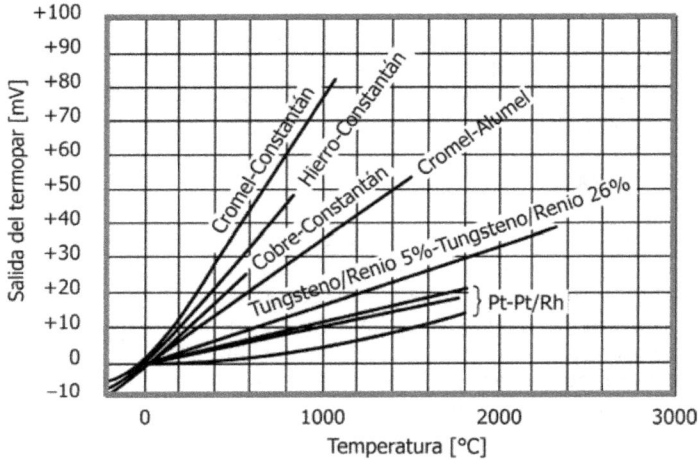

Fig. 2.6 Características de salida de diferentes termopares

Instrumento rectificador

El instrumento rectificador utiliza diodos rectificadores que convierten la corriente alterna en corriente continua para así ser medida por un instrumento de D'Arsonval. Se pueden usar uno, dos, o cuatro diodos. El límite superior de frecuencia de operación de estos instrumentos queda fijada por la capacitancia que el elemento rectificador posea. Algunos sistemas pierden exactitud en el extremo superior del rango de audiofrecuencia (20.000 Hz) pero otros resultan eficaces a frecuencias tan altas como 10.000.000.000 de ciclos por segundo (10 GHz). El inconveniente principal que estos instrumentos poseen es que ellos son algo inestables y tienden a envejecer y a cambiar sus propiedades con la temperatura, por lo que se garantizan los mismos para una exactitud en la medición del 5%. Se han hecho desarrollos para intentar compensar estos errores o variaciones mediante cambios en el diseño de los circuitos asociados al instrumento de D'Arsonval.

Instrumento analógico con registro

En los instrumentos con registro se parte de alguno de los instrumentos ya descriptos y se le fija un sistema graficador al extremo de la aguja. Mediante un mecanismo de transporte se mantiene en movimiento un papel tabulado bajo la pluma fijada al indicador, el cual se desplazará a una velocidad prefijada de longitud por unidad de tiempo (mm/s). De lo antedicho, se obtendrá una gráfica (registro) de los valores medidos por el instrumento en función del tiempo (Fig. 2.7). Los mecanismos y bobinados de este tipo de instrumental deberán proporcionar un torque suplementario (sobredimensionados respecto a aquellos usados en forma convencional) para poder contrarrestar los rozamientos que genere el sistema de registro sobre el papel sin perder exactitud en los valores indicados por la aguja debidos a la corriente externa aplicada a la bobina.

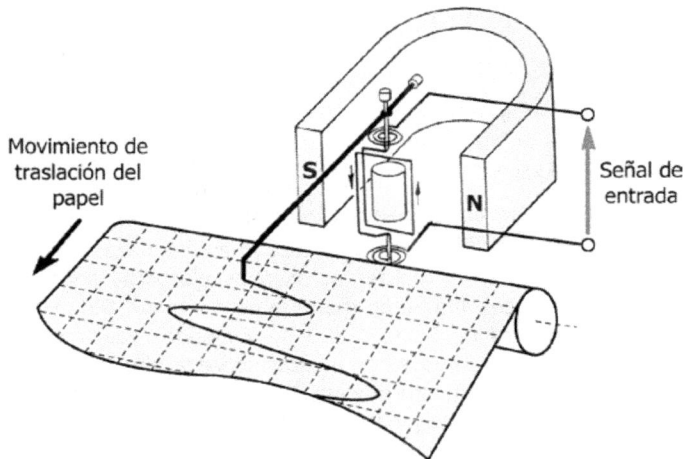

Movimiento de traslación del papel

Señal de entrada

Fig. 2.7 Esquema de un instrumento D'Arsonval con registro

Transformadores para instrumentos analógicos

Estos tipos de transformadores son usados para transformar elevadas corrientes y/o voltajes (exclusivamente en corriente alterna) en pequeños valores proporcionales a la magnitud inicial, para que así puedan ser medidos sin riesgo para el operario que realice la medición y para el instrumento utilizado en dicha operación (fig. 2.8).

Estos tipos de transformadores son utilizados para permitir el uso de instrumental convencional en mediciones de tensión y/o corriente de gran magnitud. El transformador reductor queda conformado por el conductor eléctrico por el que fluye la corriente alterna a medir (bobinado primario), sobre el cual se monta un núcleo con un bobinado secundario. Según la relación de transformación establecida (relación entre la cantidad de espiras o vueltas entre el primario y el secundario del transformador), se tendrá un valor determinado de tensión secundaria que será medido mediante un instrumento convencional de CA. El valor medido por el instrumento deberá ser convertido utilizando la relación de transformación que se haya adoptado. En plaza existen transformadores para medición con relaciones de transformación estándar.

Núcleo

Conductor (primario)

Bobinado secundario

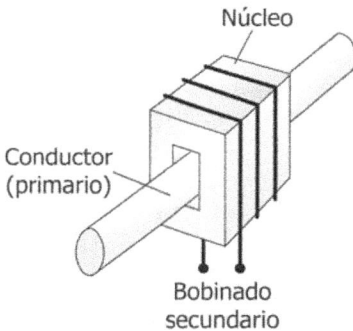

Fig. 2.8 Esquema simple de un transformador de intensidad

El principio descripto es el utilizado en las pinzas amperométricas, las cuales permiten realizar mediciones eléctricas sobre cualquier conductor sin la necesidad de un montaje permanente. Con ellas se pueden medir corrientes de hasta 1.000 A, pudiendo reducir su fondo de escala arrollando más cantidad de vueltas sobre la pinza (incremento del bobinado primario del transformador). Por ejemplo, una corriente primaria de 2 A se mediría en la pinza amperométrica como una corriente de 10 A si se bobina el conductor primario cinco veces sobre la mordaza de la misma. En la Fig. 2.9 se ilustra esquemáticamente una pinza amperométrica, en la cual a modo de ejemplo, en lugar de utilizar un instrumen-

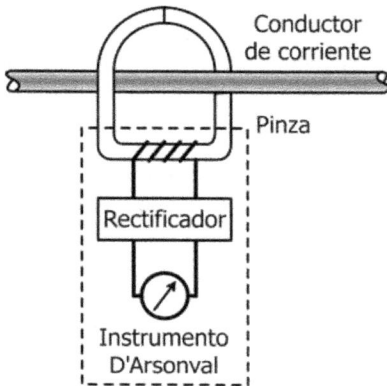

Fig. 2.9 Esquema de una pinza amperométrica genérica

to de corriente alterna se intercaló un rectificador de corriente (puente de diodos) y se utilizó un instrumento D'Arsonval.

En las pinzas analógicas, se dispone de un sistema de selección de fondo de escala mediante una llave conmutadora y el uso de resistencias "shunt" preajustadas.

Este mismo principio es aplicado en la actualidad en instrumentos digitales, algunos de los cuales poseen autorango (ajuste de fondo de escala automático) con los que se pueden realizar en ciertos casos con el mismo instrumento y con algún tipo de accesorio la medición de potencia en sistemas sin neutro, factor de potencia, medición de frecuencia, mediciones en corriente continua, etc.

Instrumentos Electrostáticos

Los instrumentos electrostáticos son dispositivos utilizados en mediciones eléctricas, los cuales utilizan los principios de electrostática para su operación. Estos instrumentos requieren de una corriente de excitación extremadamente pequeña para su funcionamiento. Ellos son empleados cuando por sus características de alta impedancia de entrada resultan de gran importancia en las mediciones a realizar.

El voltímetro electrostático contiene un juego de discos metálicos fijos combinados con un juego de discos metálicos móviles, aislados estos juegos de discos o platos de los primeros.

Normalmente, el juego de discos móviles se encuentran unidos mecánicamente a un eje o árbol, montado sobre cojinetes (con muy bajo rozamiento), que a su vez posee un indicador o aguja que indica la posición angular que el eje adopte. Cuando se aplica una tensión entre los dos juegos de discos, las fuerzas electrostáticas de repulsión generadas entre ellos causa que la parte móvil gire sobre su eje. Esta fuerza generada por repulsión es equilibrada en un punto dado por el sistema de amortiguación (resorte en espiral). La posición de equilibrio alcanzada dependerá del voltaje aplicado entre los distintos juegos de discos. Esta posición será indicada por la aguja sobre la escala graduada del instrumento, y dicha lectura equivaldrá al voltaje de excitación aplicado externamente entre los juegos de platos o discos.

Este tipo de voltímetro mide valores eficaces (RMS) de corriente alterna. Son usados por lo general para efectuar mediciones de tensión en los rangos de 1.000 a 20.000 volt, aunque también hay instrumentos electrostáticos con menores rangos de tensión a fondo de escala.

Voltímetro con generador

El voltímetro con generador es un tipo especial de voltímetro electrostático. Emplea un rotor compuesto de dos secciones metálicas aisladas una de otra conectadas a un circuito externo. Este rotor es impulsado en forma manual o por un motor auxiliar, y está ubicado entre dos discos cargados a la diferencia potencial a ser medida.

Cuando el rotor gira, los cambios inducidos en las dos mitades alternarán su polaridad, generando una corriente alterna en el circuito externo. Al medir la corriente producida, de dicho valor se deduce el valor de voltaje a medir entre los discos. Este sistema era el usado en los antiguos instrumentos analógicos de medición de aislación (conocidos por el nombre de Megger o Megaóhmetros).

Electrómetro

Los electrómetros son instrumentos de medición electrostáticos muy sensibles, utilizados para realizar mediciones eléctricas de corrientes por debajo de 10^{-15} amper, o tensiones de CC desde 10^{-4} hasta 1 volt.

Básicamente, estos instrumentos estan compuestos por un voltímetro de corriente contínua con una muy elevada impedancia de entrada (del orden de 10^{16} Ω). Debido a esta característica de impedancia de entrada, lo hace un instrumento aplicable en mediciones de tensión en circuitos de alta impedancia sin modificación de los parámetros a medir (se estima que la impedancia del instrumento no deberá alterar la impedancia del circuito en más de un 1%, es decir que la impedancia del instrumento deberá ser por lo menos 100 veces mayor que la del circuito a evaluar).

Existen diferentes diseños de electrómetros, entre los que se encuentran como más conocidos el Quadrant, el Compton, el Lindemann, y el String, los cuales sólo serán mencionados sin explayarnos sobre ellos. En todos éstos, los elementos movibles son muy livianos. Por ejemplo, en el electrómetro Lindemann, son sólo utilizadas dos finas fibras de cuarzo. Algunos requieren una cuidadosa nivelación, mientras que otros pueden usarse en cualquier posición. La lectura de la deflexión acusada por la aguja normalmente se hace mediante un sistema óptico (con una lente o microscopio).

Los electrómetros deberán tener una perfecta aislación entre sus partes eléctricas para que las posibles corrientes de fuga sean prácticamente nulas. Cualquier cambio en el voltaje se relaciona con la corriente que ingresa al instrumento mediante la ecuación i = C dv/dt ; en donde C es la capacitancia del instrumento.

Una aplicación habitual de estos voltímetros es en la medición de pH (potencial de hidrógeno o concentración de iones hidrógeno) de soluciones conteniendo componentes químicos (sales, ácidos y/o bases orgánicas e inorgánicas). En estos casos, se deberá tener la capacidad de medir una diferencia de potencial del orden de los 50 mV.

Voltímetro de vacío o Voltímetro a válvula (VAV)

El voltímetro de vacío (también conocido como voltímetro a válvula, VAV) emplea un tubo de vacío como rectificador. El resultado de dicha rectificación es medida por un milliamperímetro de D'Arsonval. Este tipo de circuitos dispone de un alto rendimiento, ya que por lo general dispone de un sistema amplificador con realimentación, para realizar la calibración y puesta a cero del instrumento. Estos voltímetros de vacío poseen rangos de medición con lecturas tan bajas como 0,03 volt o tan altas como 1.000 volt. Ellos pueden usarse en un amplio rango de frecuencias, desde 20 Hz (en algunos casos al poseer acople en continua, pueden medir desde corriente contínua, o sea 0 Hz) hasta 5 ó 10 MHz. No requieren prácticamente de corriente de excitación, debido a su altísima impedancia de entrada.

Existe una variante para la medición de los valores pico de las señales de entrada. El voltímetro de vacío de valor de pico usa un diodo y un capacitor en combinación. La corriente rectificada que fluye desde el diodo al capacitor, lo carga a un voltaje muy cercano al voltaje de pico o de cresta aplicado. El voltaje de carga del capacitor polariza inversamente al diodo en el semiciclo negativo de la señal de entrada, impidiendo que el capacitor se descargue a través de este. Este voltaje de carga del capacitor es procesado por un amplificador valvular de CC (normalmente empleando realimentación) y medido por un instrumento de D'Arsonval.

El rango de frecuencia de operación de estos voltímetros puede llegar a los centenares de MHz, y dicho límite queda fijado por las limitaciones del circuito de rectificación y amplificación, sobre todo por su inductancia residual y la capacitancia parásita existente entre los electrodos de los tubos de vacío.

Introducción

Este tipo de instrumentos cumplen básicamente la misma función que los descriptos en el capítulo anterior, con la diferencia que el valor de la medición se ve reflejada en un display o pantalla de cuarzo líquido LCD (existen casos en que el operario puede optar por una forma de muestreo en particular, por ejemplo gráfico de barras, tablas de valores medidos, etc.), y que el procesamiento de los datos a medir se realiza mediante conversores analógicos/digitales (A/D) o en forma integramente digital.

Estos instrumentos poseen una cantidad de ventajas frente a los analógicos, las cuales serán descriptas a continuación, a saber:

1. La exactitud de los instrumentos digitales resulta mayor que la de sus similares analógicos. Por ejemplo, la exactitud habitual en un buen instrumento analógico es de 0,5% mientras que en un instrumento digital la misma se encuentra entre el ± 0,1% y 0,005%.

2. Para un mismo valor a medir, dos observadores podrán obtener la misma conclusión respecto al valor numérico de la medición, evitando así errores de paralaje o de lectura. La repetitividad en las mediciones (entendida como precisión) es mayor cuanto mayor sea la cantidad de dígitos intervinientes en la medición.

3. La apreciación en forma de dígitos agiliza el proceso de medición cuando se requiere tabular o tomar un gran número de mediciones.

4. La salida de la gran mayoría de los instrumentos digitales actuales pueden alimentar impresoras y/o registradores, y además por medio de distintos sistemas de software permiten procesar y analizar datos mediante el uso de computadoras u ordenadores personales (PC) y microprocesadores.

5. Debido a la evolución electrónica y al avance logrado en la integración de componentes a gran escala, los instrumentos digitales

hoy por hoy resultan de un valor más que razonable y accesible comparados con sus similares analógicos.

Descripción primaria del instrumental digital

En los sistemas digitales, el procesamiento de las señales a medir se realiza digitalmente, es decir que si la señal de entrada es analógica, se convierte en digital mediante un conversor analógico/digital (A/D), y la medición se realiza operando sobre pulsos digitales.

Los instrumentos digitales lograron proporcionar mayor versatilidad y portabilidad por minimizarse el consumo eléctrico, su peso y su volúmen; además de obtener ventajas sobre otros aspectos que se detallarán en el transcurso de este capítulo.

Los sistemas digitales interpretan dos estados lógicos conocidos como bits del sistema digital binario (unos y ceros). Mediante la transmisión de datos en el formato de 4, 8, 16 ó 32 bits, la información digital es mostrada en un indicador (display o pantalla), o bien transmitida a otro sistema sistema digital como por ejemplo registradores, memorias, microprocesadores y/o computadoras para su procesamiento en tiempo real en control de proceso o para su posterior análisis, tabulación y/o graficación. Según la tecnología utilizada (TTL, CMOS, ECL, I^2L), variarán los valores nominales de tensión que representen a cada uno de los dígitos binarios, pero en todos los casos el valor 1 representa el estado encendido y el valor 0 el estado apagado. Además, se pueden aplicar diferentes convenciones lógicas, la positiva y la negativa. Su diferencia radica en la utilización de tensiones positivas (lógica positiva) o negativas (lógica negativa) para la representación del valor binario 1.

Un número de 8 bits del sistema binario sería, por ejemplo, 10001001 y la transmisión de dicho número se hace mediante un tren de pulsos de "encendido" y "apagado" en función del tiempo (Fig. 3.1). Para la correcta interpretación entre las distintas etapas de elaboración de los datos binarios transmitidos, se deberá tener un sincronismo de los mismos (correlación en los tiempos de transmisión), lo cual se logra mediante una frecuencia de barrido o "frecuencia de clock", lo cual permite la correcta transmisión e interpretación de los datos, ya que por cada ciclo o pulso de "clock" se transferirá un bit . El sistema binario (basado en sus dos valores, 1 ó 0), si bien no es el único sistema digital, resulta el más

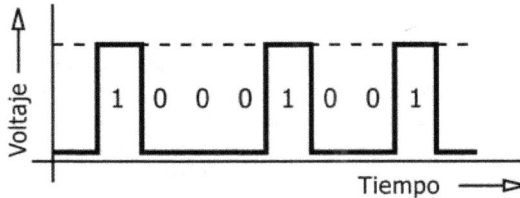

Fig. 3.1 Representación en pulsos binarios (8 bits)
del número 10001001 (lógica positiva)

sencillo de explicar para poder tener una idea sobre los mecanismos de transferencia de datos utilizados por estos sistemas.

Previo al advenimiento en el desarrollo de las técnicas digitales, existían instrumentos electrónicos valvulares y transistorizados, que ejecutaban el procesamiento de la señal a medir en forma analógica, funcionando sus circuitos como adaptadores (amplificadores, atenuadores o conversores). Mediante la construcción de equipos de medición valvulares, se obtuvieron mejoras en las características de impedancia de entrada, evitando que el instrumento de medición genere una carga o consumo sobre el circuito o valor a medir.

Una vez impuesto el uso de los semiconductores, con el desarrollo de los transistores FET (transistores de efecto de campo) se logró conservar las características de alta impedancia de los equipos valvulares, con un consumo eléctrico mucho menor (sin pérdidas por disipación de calor), pudiéndose fabricar equipos con menor peso y tamaño. Con el avance de las técnicas digitales, resultó indispensable realizar medidas sobre circuitos lógicos, por lo que era indispensable disponer de instrumentos enteramente digitales.

En la actualidad se existen en el mercado equipos, analógicos-digitales y enteramente digitales. Esta clasificación radica en el procesamiento de la señal a medir. Por ejemplo, un instrumento analógico procesará enteramente la señal a evaluar en forma analógica. En el caso de un instrumento analógico-digital, la señal se procesa combinando ambas tecnologías, como por ejemplo en una pinza amperométrica digital, la cual sensa la corriente mediante un sistema inductivo (transformador) y luego es procesada digitalmente. En los instrumentos digitales, el tratamiento de la señal es digital de punta a punta, como ocurre en los analizadores de velocidad de transferencia de datos digitales para sistemas de control de proceso basados en microprocesadores.

Por lo general, los instrumentos digitales poseen una gran cantidad de funciones incorporadas en el mismo equipo, como ser capacidad de medir tensión y corriente (CC y CA), resistencia, inductancia, capacitancia, continuidad, frecuencia, ganancia de transistores bipolares (h_{FE}), etc. Por ello se los denomina multímetros digitales. Existe una amplia gama de multímetros, clasificados por sus prestaciones, robustez, calidad y precio.

A continuación describiremos algunos de los datos a tener en cuenta en la selección de un instrumento digital.

Cuando uno describe las posibilidades de muestreo que posee un instrumento digital se refiere habitualmente a un display de 3½ ó 4½ dígitos. Esto se refiere a la capacidad numérica de muestreo que el display del instrumento posee. Por ejemplo, un instrumento identificado con display de 3½ dígitos puede mostrar los tres últimos dígitos de 0 a 9 (sistema decimal), mientras que el primero de ellos sólo podrá ser un 0 ó un 1.

De lo explicado, se deduce que la mayor marcación que dicho display podrá hacer es 1999, independientemente de donde se encuentre ubicado el punto decimal (el cual dependerá de la escala de medida seleccionada en el instrumento). En el caso que el instrumento digital utilizado sea autorango (selección automática del rango de medida), si la medición a realizar se encuentra fuera de la capacidad máxima del instrumento, se leerá en pantalla la leyenda OL (correspondiente a la abreviatura de la palabra inglesa "oveload" que significa sobrecarga). Este será uno de los factores que se deberá tener en cuenta en función de las mediciones mas habituales a realizar con el multímetro y en su precisión.

Si las mediciones a realizar corresponden a variables en función del tiempo, y resulta importante tener un lote de mediciones separadas una de otra un lapso de tiempo determinado, dependiendo de la duración de dicho lapso de medición (microsegundos o días) se deberá elegir el instrumento en cuestión para que éste posea la rapidez necesaria para captar las variaciones deseadas. Además, si las mediciones obtenidas se desean registrar, que el multímetro elegido posea la capacidad de almacenamiento, o bien de, transferencia de datos a un registrador externo.

Habitualmente, se diferencian los equipos portátiles de los estacionarios o de laboratorio, aunque debido a la gran versatilidad que los instrumentos digitales actuales poseen, no resulta una limitación de prestaciones o de calidad en las mediciones obtenidas.

Los estándares y normas de seguridad actuales impuestos a los equipos eléctricos, hacen que la seguridad en servicio para el operario de los multímetros digitales en las diferentes mediciones sea realmente elevada. La aparición de sobretensiones o picos transitorios y los niveles, cada vez mayores que dichas sobretensiones alcanzan en los sistemas eléctricos de alimentación (de red, circuitos de alimentación, etc.), ha obligado a establecer normas de seguridad mas severas para los equipos de mediciones eléctricas. Los transitorios superpuestos con alguna fuente de alimentación (de red o no), puede desencadenar en sucesos capaces de ocasionar graves lesiones para el operario, por lo que el equipo de medición deberá estar diseñado para proteger a las personas que trabajan con ellos o en el entorno de tensiones y corrientes de gran magnitud.

En 1988, la CEI (Comisión Electrotécnica Internacional) ha elaborado

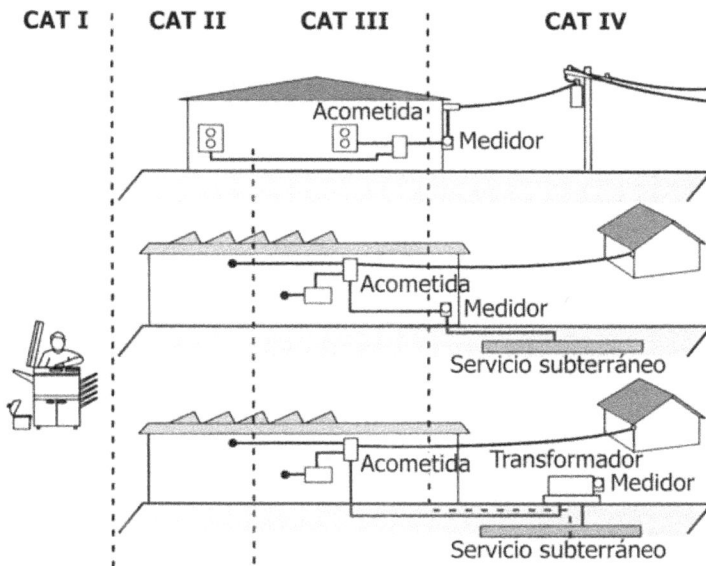

Fig. 3.2 Categorías de sobretensión según la CEI 1010-1

una norma, la CEI-1010-1, que es usada como base en diferentes normas internacionales (US ANSI/ISA-S82.01-94 en EEUU; CAN C22.2 N° 1010.1-92 en Canadá; EN61010-1 de 1993 en Europa). En ella se especifican categorías de sobretensión, basadas en la distancia entre el equipo a la fuente de energía, y en la amortiguación natural de los transitorios eléctricos en un sistema de distribución. Las categorías que la norma indica son cuatro, y cuanto más cerca se encuentre el equipo de la fuente de energía, mayor deberá ser el grado de protección. Las categorías son las ilustradas en la fig. 3.2 y descriptas a continuación, a saber:

- Categoría IV (CAT VI)
  Denominada alimentación primaria (ver fig. 3.1). Incluye la línea de alimentación exterior (aérea o subterránea), acometida desde el poste al edificio, tramo del medidor a la caja o tablero seccionador principal del edificio.

- Categoría III (CAT III)
  Denominada nivel de distribución, corresponde a los circuitos de alimentación o ramales que se encuentran a la tensión de red. Normalmente los circuitos de la CAT III están separados de la acometida del servicio por un solo nivel de aislamiento (transformador de red como mínimo). Incluye circuitos alimentadores y ramales cortos de alto consumo. También sistemas de alumbrado en grandes edificios. Esta es la categoría que más interesa para la protección de operarios de equipos de medición.

- Categoría II (CAT II)
  Se refiere a medidas sobre equipos portátiles, electrodomésticos, computadoras, televisores, etc. con ramales situados a más de 10 m de la CAT III o más de 20 m de la CAT IV.

- Categoría I (CAT I)
  Esta corresponde señales de baja magnitud, equipos electrónicos y de telecomunicaciones de baja energía, limitada contra transitorios.

Dentro de cada categoría de instalación hay clasificaciones de tensión. La combinación de la categoría de instalación con la de clasificación de tensión es lo que determina la capacidad máxima del instrumento para soportar los transitorios. La comprobación en los instrumentos se realiza como se detalla a continuación, siendo R_{if} la resistencia interna de la fuente de suministro para el ensayo, a saber:

- Categoría II 600 V
  Testeado con un transitorio máximo de 4.000 V de tensión pico (con R_{if} = 12 Ω).

- Categoría II 1000 V
  Testeado con un transitorio máximo de 6.000 V de tensión pico (con R_{if} = 12 Ω).

- Categoría III 600 V
  Testeado con un transitorio máximo de 6.000 V de tensión pico (con R_{if} = 2 Ω).

- Categoría III 1000 V
  Testeado con un transitorio máximo de 8.000 V de tensión pico (con R_{if} = 2 Ω).

Para ajustar los instrumentos a las normas CEI 1010-1, se debe obtener mayor espacio interior en el instrumento, ya que este es una relación directa con la distancia de conducción eléctrica (a lo largo de superficies) y la distancia de separación (desde el punto de vista dieléctrico, aún a través del aire) para una determinada sobretensión máxima. El incremento en las distancias de separación permiten al instrumento soportar sobretensiones transitorias más elevadas.

Existen organismos internacionales independientes que se ocupan de ensayar los equipos eléctricos, tales como la Underwriters Laboratories (UL), la Canadian Standards Association (CSA), la TUV y VDE (organizaciones alemanas de normalización). Estos organismos de homologación son laboratorios independientes que prueban los productos para determinar si los mismos se ajustan a las normas nacionales e internacionales, o aún a sus propias normas (siempre más exigentes que las normas nacionales e internacionales en vigencia). Sólo una vez que los organismos homologadores independientes (UL, CSA, TUV y VDE) den por superado con éxito los controles y ensayos respectivos, el fabricante podrá exhibir el logotipo de cada organismo en el producto (fig. 3.3). Por ello, al adquirir un equipo de medición, resulta de alta confiabilidad que el mismo se encuentre aprobado por los organismos independiente citados.

Fig. 3.3 Logotipos de organismos independientes de homologación

Descripción de los convertidores A/D

Como ya hemos mencionado anteriormente, los intrumentos digitales manejan internamente información binaria (1 y 0), la cual puede provenir de señales a evaluar digitales, o bien de señales analógicas convertidas a digitales dentro del equipo mediante el uso de convertidores A/D. Como su nombre lo indica, son dispositivos electrónicos que convierten una señal analógica cualquiera en formato digital. Los más comunes son los mencionados brevemente a continuación, a saber:

1. Convertidores A/D por rampa en escalera:
   Estos son los más sencillos. En la fig, 3.4 se describe un diagrama de bloques. Al dar inicio, la señal analógica de entrada es comparada con una rampa digital ascendente, y a través de los pulsos de reloj o "clock" que alimenten el contador, se producirá el proceso de comparación. Cuando la señal de la rampa digital supere el valor de la señal analógica $V_{ent,}$ se inhibirá el conteo. La comparación entre la señal analógica y la digital producida por la rampa se realiza por un convertidor digital/analógico (D/A). Por ejemplo, si se fija la frecuencia de "clock" en 5 MHz, para una salida de 10 bits son necesarios 0,2 ms para un barrido completo de rampa.

2. Convertidores A/D por aproximaciones sucesivas:
   Son utilizados ampliamente por su combinación de alta velocidad (entre 1 y 50 μs) y perfecta resolución, aunque resultan más costosos. El diagrama de bloques de este tipo de

convertidores resulta similar al visto en el punto 1, pero la diferencia radica en la lógica especial que el convertidor posee, ya que la comparación no se hace por una rampa ascendente sino que intenta varios códigos de salida y los alimenta al convertidor D/A. El tiempo de conversión de este tipo de convertidor es $T_{conv} = n\ /\ f$, siendo n el número de bits del convertidor y f la frecuencia de "clock". Por ejemplo, para una salida de 12 bits y una frecuencia de reloj de 12 MHz, hará una conversión cada 1 μs. Sin embargo, una desventaja que estos convertidores poseen es que mientras se realiza la conversión, la señal de entrada deberá permanecer constante.

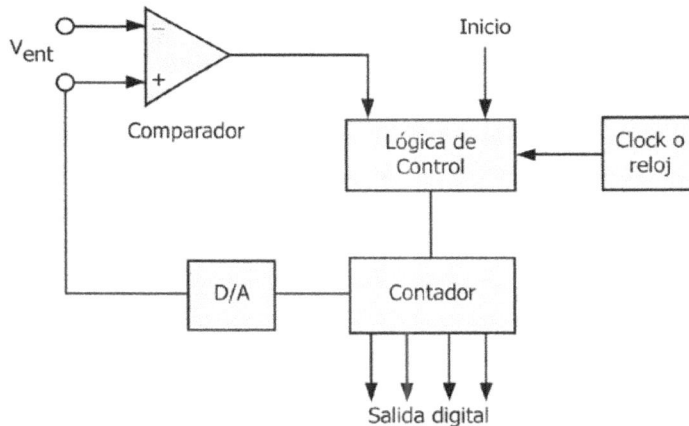

Fig. 3.4 Diagrama de bloques de conversor A/D por rampa en escalera

3. Convertidores A/D de doble rampa:
   Son empleados normalmente en aplicaciones donde se requiera una alta inmunidad al ruido, gran exactitud y economía. Pueden eliminar gran cantidad del ruido proveniente de la señal de entrada ya que en la conversión digital de esta señal se encuentra una etapa integradora. Si bien esto resulta beneficioso en un sentido, extiende los tiempos de con-

versión (valores típicos entre 10 y 50 ms). Estos convertidores son muy utilizados en voltímetros digitales.

4. Convertidores de voltaje a frecuencia (V/F):

Estos dispositivos funcionan convirtiendo la señal analógica
de entrada en un tren de pulsos binarios, los cuales tendrán
una determinada frecuencia f (o período T) en función del
valor numérico de la tensión de entrada. Mediante este mecanismo de conversión, se logra un alto rechazo al ruido proveniente de la señal de entrada.

Las frecuencias típicas de operación de los convertidores V/F
están entre 10 KHz y 10 MHz. Un convertidor de 10 KHz,
necesita un intervalo de compuerta de 0,025 s para una conversión de 8 bits.

Por sus características, además de ser económicos, son utilizados en la fabricación de instrumentos digitales con display de 3½ dígitos.

5. Convertidores A/D en paralelo:

Estos son los convertidores más rápidos de todos los descriptos. La señal de entrada es distribuída a través de una
red resistiva a un cierto número P de comparadores (el valor
P es el que define la cantidad de bits de entrada), los que ali-
mentan un codificador, que entrega una salida binaria de N
bits (observar fig. 3.5).

La velocidad de respuesta de este dispositivo está limitada
sólo por los tiempos de demora del comparador y del codificador. Por ejemplo, un convertidor A/D en paralelo modelo
HACD77300 (fabricado por la Honeywell) efectúa una conversión de datos analógicos en digitales en un lapso de tiempo de 4 ns. La resolución de salida estará limitada por la cantidad N de bits de salida que el codificador posea. Para una
salida de 3 bits son necesarios 8 comparadores, mientras
que para una salida de 8 bits serán necesarios 256 comparadores.

La exactitud que poseen los instrumentos digitales son generalmente
mayores que las que poseen sus pares analógicos, pero deben ser com-
prendidas en forma clara y correcta las especificaciones de los fabrican-

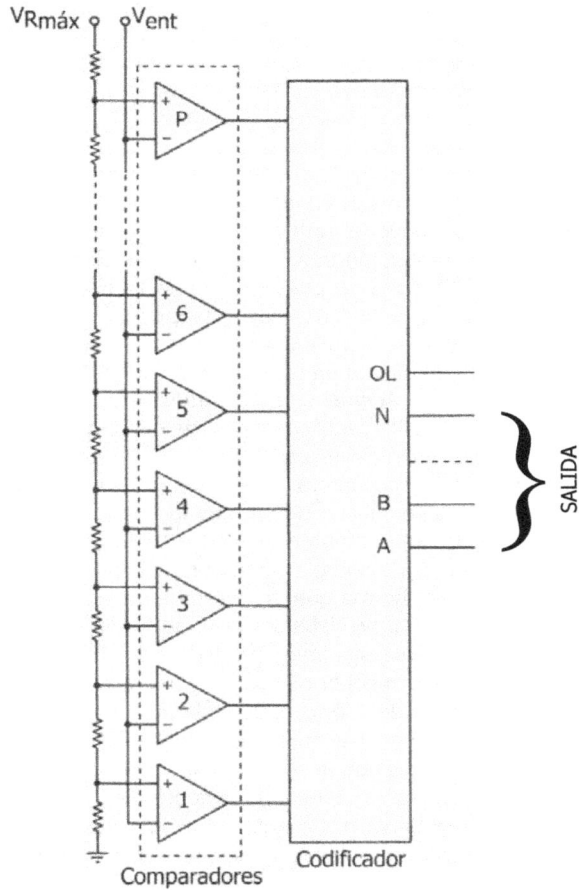

Fig. 3.5 Diagrama de bloques de conversor A/D en paralelo

tes para que dicha afirmación sea cierta. Hay tres conceptos claves involucrados en la comprensión de las especificaciones de exactitud de estos instrumentos: la resolución, el error constante y el error proporcional. La resolución de un instrumento digital indica el número de dígitos en la pantalla o display. Los errores constantes son los errores que permanecen constantes en todo el rango de utilización dle instrumento. Estos se expresan en términos del número de dígitos de la medición con error o bien, como un porcentual del valor de plena escala (como el caso de los instrumentos analógicos). Los errores proporcionales son aquellos que varían en proporción al valor de la medición efectuada. Por esto, los errores proporcionales se expresan como un porcentual (%) del valor de la medición realizada. La mayoría de los fabricantes especifican la exactitud en un instrumento digital como una combinación de errores constantes y proporcionales. Por ejemplo, se puede expresar la exactitud de un instrumento digital dado como ± 0,01% de la lectura y ± 0,01% del rango; o bien como ± 0,05% de la lectura ± un dígito.

Otro tema a tener en cuenta en la elección de un instrumento digital es su impedancia de entrada. Al igual que con los instrumentos analógicos, los digitales pueden cargar el circuito en el que se están realizando mediciones y por consiguiente provocar errores adicionales en la medición a los ya mencionados (provocados por alteración de los valores del circuito a evaluar). Por lo general, dependiendo de su tipo, la impedancia de estos instrumentos se encuentra en el rango de 10 MΩ a 10 GΩ, y no deberían causar en sí una alteración seria sobre la medición efectuada. Pero a pesar de ello, se deberá tomar por norma que un instrumento que tenga una impedancia de entrada de 1 GΩ, no deberá ser utilizado para realizar mediciones en un circuito que posea una impedancia de más de 10 KΩ, para mantener así los errores de la medida dentro de parámetros aceptables (dentro de las especificaciones del fabricante). En la mayoría de los ensayos de laboratorio, una velocidad de 1 lectura por segundo es razonable. Sin embargo, hay casos específicos donde se necesitan velocidades mayores.

Existen equipos que con la utilización conjunta de un dispositivo externo de registro permiten tomar hasta 800 mediciones por segundo (50.000 cuentas por minuto) con una resolución de 6½ y una exactitud de 5 ppm (5 partes por millón) con una sensibilidad de 10 nV (10 nanovolt).

Si bien lo especificado hasta aquí corresponde a medidores digitales convencionales, existen dispositivos específicamente diseñados para realizar únicamente mediciones de presión, temperatura, aislación, frecuencia, etc. A continuación, daremos una breve descripción sobre los mismos.

En el caso de medidores digitales de presión, se recurre a un sistema trasductor que convierte la presión en un valor eléctricamente mensurable. En algunos casos es un dispositivo externo al instrumento, pero en equipos específicos, este sensor se halla dentro del mismo. Estos pueden medir presiones del orden de 2,5 mbar hasta 700 bar con un error en la misma de 0,05% del valor de fondo de escala. Permiten medir presiones tanto de gases como de líquidos no corrosivos. Los medidores digitales de temperatura, pueden ser por contacto o a distancia (infrarojos). Los instrumentos por contacto, utilizan una termocupla (ver Capítulo 2) similar a las utilizadas por los instrumentos analógicos, la cual se encuentra en la zona o sector a evaluar (tanto en estado sólido, líquido o gaseoso). En cambio los infrarrojos permiten dirigir la medición mediante un puntero láser incorporado al mismo y realizar la misma a una distancia mínima de 300 mm, con una precisión por debajo de 0°C de ± 5°C, y por encima de 0°C hasta 100°C de ± 2°C. En ambos casos (por contacto e infrarrojo), la resolución es de 0,1°C con un tiempo de respuesta de 1 segundo.

Los métodos utilizados para realizar las diferentes mediciones dependerá de las características que cada fabricante le provea a sus instrumentos, pero a pesar de ello, existen procedimientos y metodologías aplicadas para la realización de las mediciones que son empleados universalmente con todos los tipos de instrumentos (analógicos y/o digitales).

Multímetros o Tester Digitales

La diversidad de funciones de los instrumentos digitales actuales hacen que ellos puedan ser utilizados para realizar una gran variedad de mediciones de distinto origen. El voltímetro digital se convierte en un óhmetro cuando se le adiciona una fuente de corriente constante. Dicha fuente inyecta corriente a la resistencia R que se desea medir y el voltímetro mide la caída de tensión que se provoca en la misma. El error que se tiene en la medición de resistencia con un multímetro digital varía desde ± 0,002 % de la lectura ± 1 dígito hasta ± 1 % de la lectura ± 1 dígito. Las demás mediciones que un multímetro puede realizar se logran mediante sistemas trasductores que expresan las diferentes variables a evaluar como valores de tensión, corriente o resistencia. De esta forma, si el multímetro no posee los accesorios instalados internamente, disponiendo de los elementos sensores y/o trasductores necesarios para interconectarlos externamente, se podrán evaluar distintos tipos de valores y variables.

CAPITULO 4

OSCILOSCOPIOS

Explicación inicial

De los instrumentos eléctricos de medida disponibles en la actualidad, ya hemos descripto los analógicos y los digitales. En ambos existe la posibilidad de visualizar valores y en algunos del tipo digital se pueden comparar en pantalla varias formas de onda previamente capturadas.

Seguramente, esto ha surgido, en forma indudable, por la evolución que la industria electrónica ha tenido en los últimos 30 años. Pero sin negar dicho avance, esto ha sido producto de desarrollos anteriores en el área de los instrumentos de medición.

Primariamente, con los instrumentos analógicos con registro (osciló-grafos), se podían obtener gráfucas en papel de las formas de onda, pero con una gran limitación respecto a las frecuencias de las señales representadas (debido a la inercia del sistema mecánico de graficación y de la velocidad de transporte del papel). Por tal motivo, era necesario obtener un sistema que pudiese graficar señales de frecuencias mayores.

Debido a ello, se desarrolló un sistema de graficación mediante el uso de un tubo de rayos catódicos CRT (siglas del ingles Cathodic Ray Tube). Este consiste en un tubo de alto vacío el cual dispone de un sistema electromagnético de deflexión de un haz de electrones que impactan sobre una pantalla recubierta con fósforo. Al impactar sobre ella, produce una reacción lumínica por liberación de energía de la película de fósforo. Guiando convenientemente el haz de electrones (rayo catódico), se obtendrá una gráfica sobre la pantalla. Ello resulta fácil de realizar que al tratarse de electrones (carga eléctrica negativa), responden a los campos magnéticos dle sistema de deflexión. Diseñando convenientemente los circuitos electrónicos auxiliares, se puede tener una respuesta muy rápida del rayo catódico debido a que prácticamente no posee inercia.

La deflexión del haz de electrones se realiza mediante dos pares de placas deflectoras (2 placas horizontales y 2 verticales). La intensidad del campo generado en cada par de placas es varíiado aplicando diferentes potenciales entre ellas, debiéndose conseguir una variación en la deflexión que resulte lineal al voltaje aplicado. De esta forma, se podrá tener sobre la pantalla del CRT una gráfica que guarde proporcionalidad respecto a los valores de tensión aplicados a sus placas deflectoras.

En la fig. 4.1 observamos en transparencia el esquema de un tubo de rayos catódicos con todos sus componentes internos, el que describiremos a continuación.

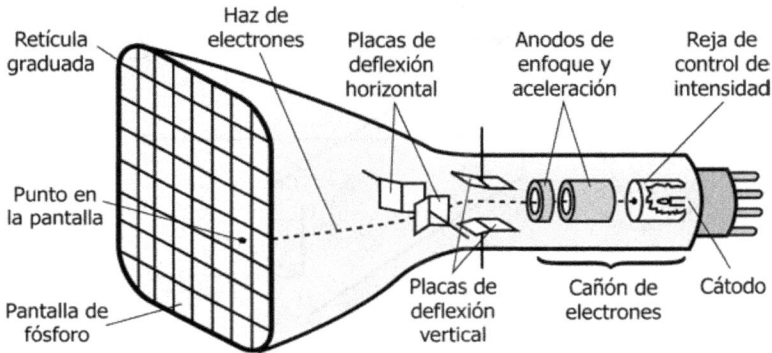

Fig. 4.1 Esquema en transparencia de un CRT

El tubo de rayos catódicos posee un filamento funcionando como cátodo, el que con el pasaje de corriente eléctrica se tornar incandescente liberando gran cantidad de electrones. Dicho flujo de electrones se controla en intensidad por medio de una reja o electrodo de control de intensidad. Superada esta etapa, se procede a acelerar y enfocar los electrones para producir un haz coherente. Dicho rayo catódico, es dirigido horizontalmente y verticalmente por las placas deflectoras. Nótese que las placas dispuestas horizontalmente controlan el haz en forma vertical (de allí su denominación de placas deflectoras verticales), y en forma recíproca para el otro par de placas. El haz de electrones así dirigido, impacta contra la pantalla de fósforo indicando un punto luminoso en la misma. Ahora veremos cual es el mecanismo utilizado para obtener en la pantalla una forma de onda cualquiera.

Hemos visto que las placas deflectoras desvían el haz de electrones en forma proporcional a la tensión aplicada entre ellas. Por lo tanto, si en un par de placas se aplica la señal que se desea observar, y en el otro par se aplica una tensión variable en forma de rampa o diente de sierra V_H, se logrará obtener la forma de onda de la señal de muestra V_V (fig. 4.2).

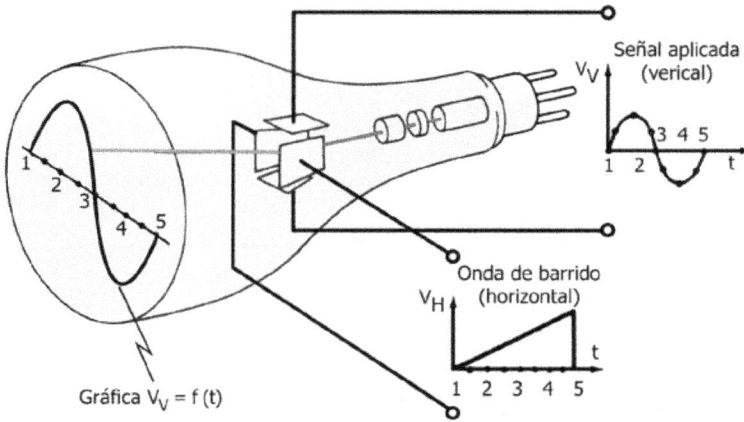

Fig. 4.2 Esquema de un CRT con tensiones aplicadas a sus placas deflectoras

La tensión V_H con forma del diente de sierra funciona como barrido, la cual desviará el haz de electrones horizontalmente, por ser aplicada a las placas deflectoras horizontales. Se obtendrá así una traslación del rayo catódico de izquierda a derecha (visto desde el frente de la pantalla del CRT). Las características del diente de sierra son de suma importancia respecto a la base de tiempo (escala de tiempo en la retícula de la pantalla indicada como unidad de tiempo/cm), la cual puede ser ajustada desde el panel frontal del osciloscopio (control de la base de tiempo) para variar así la escala de medida en función de lo requerido.

En los casos más habituales, la señal a observar en pantalla, se aplicará a las placas deflectoras vericales, y el valor de tensión de dicha señal (o un valor V_V proporcional a la misma) desviará el rayo catódico hacia arriba o hacia abajo del punto de reposo según su signo. Cuando se trate de señales de baja amplitud (como es común que ocurra en los circuitos electrónicos), se dispone de circuitos amplificadores para que la tensión que se aplique a las placas verticales sea la adecuada. El valor de dicha amplificación (o atenuación en caso que la señal a evaluar sea de un valor muy alto) es importante, ya que fijará el valor de medida por cada división de la retícula. Esto se denomina sensibilidad vertical.

El rango de sensibilidad vertical puede ser ajustado entre valores de tensión de 5 mV/cm hasta 50 V/cm, mientras que el rango de sensibilidad horizontal dependerá de la base de tiempo del osciloscopio y de la frecuencia máxima a la cual éste pueda operar. Sólo a nivel informativo, el tiempo de barrido se encuentra calibrado por pasos entre valores predeterminados de tiempo de 1 μs/cm hasta 5 s/cm.

Existe la posibilidad de utilizar el osciloscopio para poder comparar la

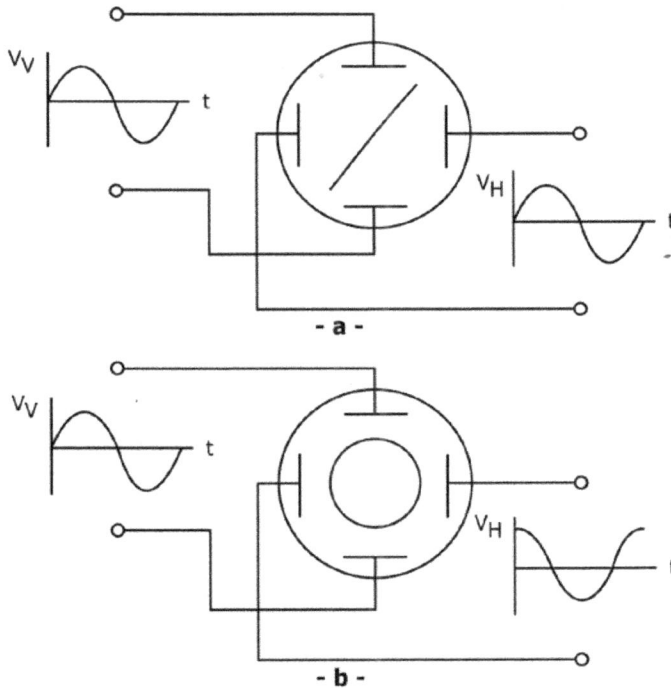

Fig. 4.3 a y b Esquemas representando dos casos de figuras
de Lissajous para diferentes señales de entrada

fase y frecuencia entre dos señales periódicas de muestra. Si cada una de las señales periódicas a comparar son aplicadas a la entrada vertical y horizontal respectivamente, la gráfica resultante en pantalla indicará la relación existente en frecuencia entre dichas señales y el desfasaje que una tenga respecto a la otra. Por ejemplo, si se aplica la misma señal en la entrada vertical y horizontal, la gráfica en pantalla será una recta a 45° respecto a la horizontal,tomando ángulos positivos en el sentido antihorario (fig. 4.3a). En cambio, si las ondas a ensayar poseen la misma frecuencia pero se encuentran desfazadas 90° entre si, la figura observada en pantalla (fig. 4.3b) será una elipse (sólo si sus amplitudes son de la misma magnitud, se obtendrá una circunferencia).

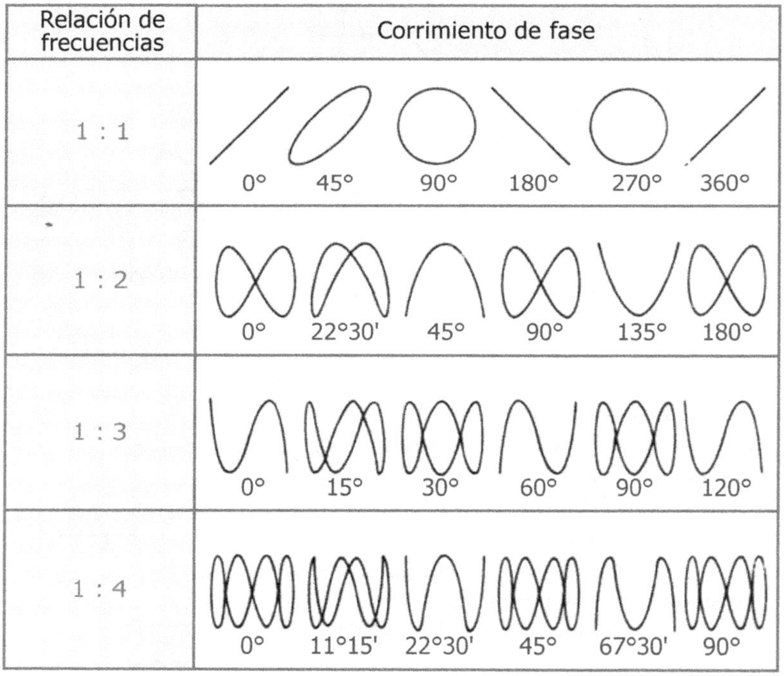

Relación de frecuencias	Corrimiento de fase					
1 : 1	0°	45°	90°	180°	270°	360°
1 : 2	0°	22°30'	45°	90°	135°	180°
1 : 3	0°	15°	30°	60°	90°	120°
1 : 4	0°	11°15'	22°30'	45°	67°30'	90°

Fig. 4.4 Figuras de Lissajous típicas para diferentes señales

Este tipo de figuras resultantes en la pantalla del osciloscopio, se las denomina figuras de Lissajous, las cuales son dettalladas en la fig. 4.4 para diferentes valores de desfazaje y de relación de frecuencia entre señales de entrada. Estas resultan de gran utilidad para una determinación rápida y aproximada de fase y frecuencia, aunque existen diversos métodos de determinación como el de figura anular modulada, el anular interrumpido y el de línea interrumpida. Estos se realizan con un procedimiento muy similar al utilizado para las figuras de Lissajous. Sin embargo, en la actualidad, para una medición exacta de frecuencia se recurre a equipos digitales de alta resolución (9 dígitos), los que permiten determinar fase, frecuencia y período con un error menor al dígito menos significativo.

Existen en plaza osciloscopios con doble canal de entrada horizontal (fig. 4.5), los que permiten visualizar y comparar dos señales a la vez, e inclusive, en algunos casos, permite almacenar formas de onda en memoria para su posterior comparación, análisis y graficación mediante su conexión con una interfase. Además, con la tecnología alcanzada, es posible obtener en pantalla junto con la forma de onda (en los equipos más elaborados), los valores de tensión pico, tensión eficaz o RMS, período y frecuencia, evitando así tener que recurrir a efectuar la medición de pantalla y minimizando por consiguiente los errores recurrentes de tal operación.

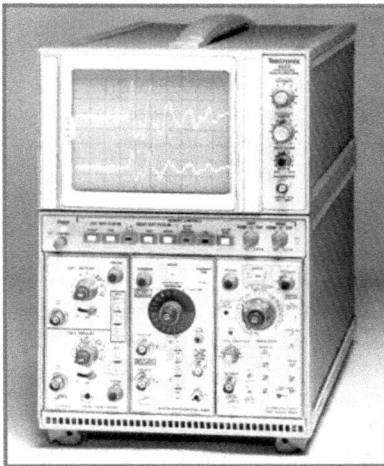

Fig. 4.5 Fotografía de un osciloscopio con doble entrada horizontal

Errores de medición en los osciloscopios

1. Error de lectura por aproximación:
   Resulta difícil obtener una medición sobre la pantalla del oscilos-

copio con un error menor a 1/10 de la división principal de la retícula de pantalla. Por ello, el error estimado para este tipo de medida es de 1/20 de la menor división. Para reducir este error al mínimo posible, se deberá seleccionar la sensibilidad adecuada (tanto
horizontal como vertical).

2. Error de de lectura por paralaje:
   En algunos osciloscopios, la retícula se encuentra a una pequeña
   distancia de la pantalla del CRT. Si el observador no está ubicado
   en la posición correcta, se producirá un error por paralaje similar
   al ya descripto para los instrumentos analógicos.

3. Error de calibración del osciloscopio:
   Este error es propio del equipo utilizado. El valor típico de este tipo
   de error se halla entre el 1 y el 3%, aunque el valor exacto estará indicado con exactitud en el manual del fabricante.

4. Error por carga:
   El concepto de error por carga ya ha sido explicado anteriormente en los Capítulos 2 y 3 para los otros tipos de instrumentos descriptos. En este caso, se deberán tener en cuenta las características de las puntas de prueba empleadas al igual que las recomen-
   daciones del fabricante sobre su forma de uso para minimizar
   dichos errores.

5. Error por captación de zumbido y/o ruido:
   Por lo general, se contempla en el diseño de los osciloscopios el
   manejo de señales de entrada de baja magnitud, por lo que se
   requiere un aceptable nivel de amplificación. Por dicho motivo, en
   condiciones de amplificación máxima, se da que junto con la señal
   de muestreo se amplificarán señales no deseadas (ruido, interfe-
   rencia, etc.). Para evitar que esto no exceda los márgenes razo-
   nables, se deberán tomar precauciones particulares. Las interfe-
   rencias preponderantes provienen de los campos eléctricos y magnéticos generados por las líneas de suministro de electricidad de
   50 Hz, y todos aquellos artefactos que introduzcan ruido sobre la
   misma (motores, lámparas fluorescentes, servomecanismos, etc.).

Este tipo de ruido de 50 Hz se denomina zumbido. La magnitud del zumbido captado por un osciloscopio dependerá de la impedancia del circuito que se esté evaluando y de la longitud y del tipo de cables o puntas de prueba. De por sí, los circuitos amplificadores que poseen los osciloscopios tienen características de rechazo al ruido muy elevadas, pero a pesar de eloo se logrará reducir considerablemente el nivel de zumbido al utilizar cables de poca longitud con el blindaje adecuado.

5. Error de medición por ancho de banda y tiempo de respuesta:
Estos errores se deben a la falta de respuesta del equipo frente a las señales a evaluar. Cuando la frecuencia de las señales a evaluar superan el ancho de banda del osciloscopio, la gráfica mostrada en pantalla no será el fiel reflejo del original. Por otra parte, el tiempo de respuesta (tiempo que demoran los circuitos amplificadores en responder entre el 10 y el 90% de la amplitud de la señal de entrada) que los circuitos amplificadores del equipo posean, alterarán también la forma de onda mostrada respecto a la original. Una forma de evaluar los errores de este tipo que el equipo posea es analizar la respuesta ante una señal cuadrada, la cual posee en forma ideal infinitas armónicas y un tiempo de subida y de bajada igual a cero. De dicho análisis, se podrá constatar el error que posea el osciloscopio (el informado por el fabricante más los debidos a las capacidades parásitas de las puntas de prueba) al ver la gráfica en pantalla de la forma de onda en estudio. Por lo general, los osciloscopios poseen una señal de ajuste cuadrada de 1 Volt pico a pico, la cual permite compensar los posibles errores producidos por los componentes externos al equipo.

CAPITULO 5

Medición de Valores Resistivos

Las mediciones de valores resistivos se encuentran en los ensayos, pruebas y localización de fallas de circuitos eléctricos. Trataremos aquí las diferentes técnicas empleadas en orden de exactitud creciente. El método más elemental consiste en la aplicación directa de la Ley de Ohm, realizando dos mediciones. Ellas son la corriente I que atraviesa al resistor R a evaluar, y la segunda la diferencia de potencial V entre sus terminales. Según lo enunciado por Ley de Ohm tenemos:

$$R\,[\,\Omega\,] = \frac{V\,[\text{Volt}\,]}{I\,[\,\text{Ampere}\,]}$$

por lo que el valor de resistencia R se obtendrá realizando el cociente entre los valores de medición obtenidos.

En la fig. 5.1 se ilustra el modo de efectuar las mediciones antes citadas.

De la exactitud en las mediciones efectuadas (V e I) dependerá el error obtenido en el cálculo del valor numérico de R. Para reducir los errores de medición al mínimo, se deberán considerar los puntos ya explicados en tal sentido, teniendo la precaución de utilizar un voltímetro con alta impedancia de entrada para evitar cargar el circuito a medir.

Este proceso es el utilizado para la medición de la resistencia de puesta a tierra de una instalación industrial o domiciliaria. Se deberá contemplar la puesta a tierra para el correcto funcionamiento de determinados equipos y artefactos que posean un elevado consumo de corriente (alta potencia consumida) y que la misma se encuentre dentro de los valores reglamentarios.

Se entiende por puesta a tierra la vinculación

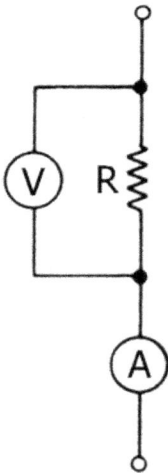

Fig. 5.1

intencional de un conductor a tierra. Si esta unión se realiza sin interposición de alguna impedancia (ó resistencia), se dice que se trata de una puesta a tierra directa. En caso contrario, sería una puesta a tierra indirecta. La importancia de la puesta a tierra en instalaciones domiciliarias e industriales, radica en la seguridad para las personas por posibles contactos indirectos contra tensiones peligrosas.

La A.E.A. (Asociación Electrotécnica Argentina) establece que con una tensión de contacto V_c de 24 Volt, la resistencia a tierra R_t existente deberá tener un valor de hasta 10Ω para viviendas unitarias, y no mayor de 20Ω para viviendas colectivas (edificios y/o complejos habitacionales).

La puesta a tierra se realiza mediante un conjunto de conductores (jabalinas) en contacto con la tierra que garantizan una unión intima con ella (baja resistencia de contacto).

Cuando las jabalinas están lo suficientemente separadas para que la corriente de falla (corriente de fuga) que circule no modifique el potencial de las demás, se dice que los electrodos de tierra son independientes. Existen diferentes tipos de puesta a tierra, según el objetivo a cubrir.

Describiremos brevemente los diferentes tipos de puesta a tierra:

Puesta a tierra de servicio : también llamada funcional, es la que mantiene el potencial de tierra de alguna parte de los circuitos de alimentación, como ser los centros de estrella de generadores y transformadores trifásicos.

Puesta a tierra de protección : consiste en la puesta a tierra de elementos conductores ajenos a la instalación para brindar protección contra contactos indirectos, lo que significa evitar en todo momento corrientes de falla peligrosas para las personas.

Puesta a tierra de referencia : está destinada a proporcionar un potencial constante, que se podrá emplear como referencia para determinados equipos. Se emplea para garantizar el funcionamiento correcto, seguro y confiable de una instalación.

Puesta a tierra para pararrayos : se utiliza para conducir a tierra las sobretensiones producidas por descargas atmosféricas.

Puesta a tierra conjunta : se utilizan ocasionalmente, y se realizan en forma conjunta entre las funcionales y las de protección.

Antes de realizar la puesta a tierra, se deberá medir la resistencia del terreno donde se pondrán las jabalinas. En función de ello y cumpliendo con las normas vigentes de la A.E.A. se deberá decidir la cantidad de jabalinas a poner para lograr la resistencia R_t máxima fijada para cada caso. La resistividad del terreno G_t se determinará según la norma IRAM 2281, parte I. En función de dicha determinación, se aplicará la relación aproximada entre la resistividad eléctrica del terreno G_t [Ω/m] y el largo de la jabalina (de acero con recubrimiento de cobre), la cual es:

$R_t = 0,33 \cdot G_t$ para jabalinas de 3 metros de largo, y
$R_t = 0,55 \cdot G_t$ para jabalinas de 1,5 metros de largo.

La puesta a tierra de protección es la que se realiza normalmente en los edificios e industrias, de allí la importancia de conocer sus características. La A.E.A. establece para los mismos las siguientes disposiciones generales, a saber:

- El conductor de protección (denominado comúnmente conductor de tierra) será eléctricamente continuo y no deberá estar eléctricamente seccionado en ningún punto de la instalación, ni deberá pasar por el disyuntor diferencial. Tendrá la capacidad de soportar la corriente de cortocircuito máxima coordinada con las protecciones instaladas en el circuito.

- Como conductores de protección en instalaciones domiciliarias se deberán utilizar cables unipolares aislados, del tipo autoextinguible o antillama, con una sección no menor a 2,5 mm².

- En todos los casos deberá efectuarse la conexión a tierra de todas las masas de la instalación. Las masas que son simultáneamente accesibles y pertenecientes a la misma instalación eléctrica estarán unidas al mismo sistema de puesta a tierra.

- La instalación se deberá realizar de acuerdo a lo enunciado en la Norma IRAM 2281, parte III.

En la fig. 5.2 se observa en forma esquemática una bajada de la red pública de baja tensión (ramal de acometida). Además, se ilustra la conexión al medidor y a la caja de distribución, la toma de tierra (jabalinas), y la distribución interna en un domicilio. Es evidente que un buen contacto eléctrico significa una baja resistencia de contacto eléctrico, por lo que una buena medida de la efectividad de la puesta a tierra es su valor

Red Pública
de baja tensión

Ramal de
acometida

Caja de
distribución

Medidor

Alimentación

Puesta a tierra

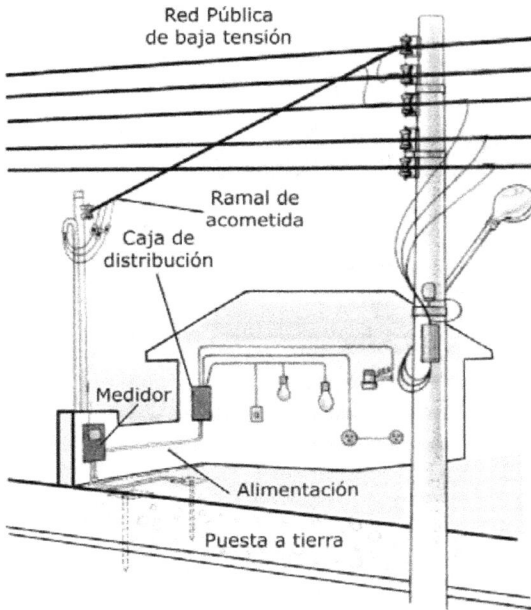

Fig. 5.2 Ramal de acometida domiciliario

de resistencia eléctrica. En la actualidad existen instrumentos de medición llamados telurímetros, los cuales son capaces de medir la resistencia que un sistema de puesta a tierra posee. De hecho, no es más que un ohmetro con la salvedad de proporcionar al circuito a medir una corriente alterna en lugar de corriente continua.

La razón de utilizar corriente alterna es para evitar un efecto químico sobre la jabalina llamado de "polariza-

ción". Este fenómeno es de origen electroquímico, y tiene vinculación con los procesos producidos en una cuba electrolítica por liberación de hidrógeno sobre los electrodos (en este caso sobre la jabalina). Este efecto hace que varíe la superficie de la jabalina en contacto con el terreno, haciendo que la medición realizada no responda al valor real. Otro motivo por el que se utiliza corriente alterna es tratar de reproducir más fielmente las condiciones de servicio. En los equipos modernos de medición, la corriente alterna es producida por un circuito oscilador alimentado por corriente contínua. Antiguamente, los equipos medidores poseían un generador de corriente alterna a manivela o motorizado, tal cual lo detallado en el Capítulo 2 (Voltímetro con generador), instrumental que en la actualidad ha caído en un total desuso.

La frecuencia de la corriente alterna utilizada no está relacionada con la misma que se tendrá en servicio (frecuencia de línea). Esto se debe a que si el circuito de puesta a tierra se encuentra en servicio, no aparezcan inconvenientes en su funcionamiento durante el proceso de medición. Las frecuencias de la señal alterna de prueba están entre 125 y 1.700 Hz.

Terminal de medición	Color normalizado	Electrodos a conectar
E	Negro	Electrodo a medir E (jabalina)
P (S)	Amarillo	Electrodo auxiliar de tierra P
C (H)	Rojo	Electrodo auxiliar de tierra C

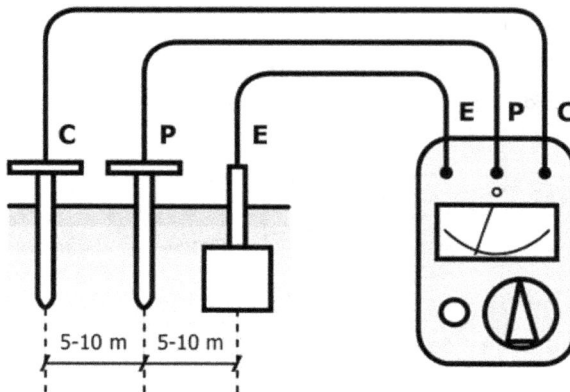

Fig. 5.3 Esquema básico de un telurímetro con tres electrodos

Básicamente el telurímetro es un generador de corriente alterna de intensidad constante, que inyecta corriente en el terreno (tierra) mediante un electrodo (jabalina auxiliar). Este método se denomina de tres electrodos, por utilizar un terminal común entre la inyección de corriente y el circuito a ensayar, otro para inyectar la corriente alterna de ensayo y el tercero para la medición de la caída de tensión producida (Fig. 5.3). El circuito eléctrico se cierra por el electrodo a medir E (bajo ensayo). La distancia exixtente entre electrodos deberá ser la detallada, debiéndose respetar el orden y, además, que la posición del electrodo auxiliar P sea equidistante entre el electrodo auxiliar C y el electrodo a medir E (jabalina). Todos los instrumentos (analógicos y/o digitales) indicarán en forma directa el valor de resistencia existente entre la jabalina y el terreno.

Todos los instrumentos de esta clase poseen una escala para medir la tensión residual de una jabalina conectada a un circuito energizado, para que el usuario pueda determinar si es posible realizar la medición o no. Los equipos comerciales poseen distinta inmunidad a la corriente alterna residual de linea, por lo que es necesario realizar la medición de tensión para determinar si están dadas las condiciones para llevar a cabo la medición de resistencia. Por lo general, los equipos de medición están preparados para poder efectuarla aún con tensiones residuales en el rango de 5 a 15 Volt como máximo.

Existen en el mercado telurímetros a pinza, los que son relativamente recientes. Ellos permiten medir la resistencia de un sistema de puesta a tierra sin la necesidad de desconectarlo del sistema ni la colocación de electrodos auxiliares. Esto resulta de utilidad cuando se desea medir la eficiencia de una puesta a tierra en una zona urbanizada, donde es imposible disponer de terreno para clavar los electrodos auxiliares.

La pinza, similar en formato al de una pinza amperométrica, consta de un bobinado funcionando como primario de un transformador, el que cumple la función de inyectar corriente al circuito cerrado formado por la jabalina o electrodo a ensayar y las demás conexiones a tierra que existan en el circuito.

El principio de funcionamiento es el de un transformador con núcleo partido donde el secundario (cable de conexión a tierra de la jabalina) posee una resistencia de carga de bajo valor óhmico, la cual se desea medir. Por los principios básicos de los transformadores, la corriente del secundario será función de la carga qu le sea aplicada, y a su vez, guardará relación con la corriente del primario en función de su relación de transformación. Analizando los casos extremos, si el circuito secundario está abierto (impedancia infinita), la corriente que circulará por su bobinado será nula (I=0), y por ende, el valor de magnetización que tomará el núcleo lo tomaremos en forma arbitraria como valor cero. Si por el contrario, el valor de impedancia es cero, la corriente del primario del transformador tomará un valor máximo. Dicho valor dependerá de las características que el transformador posea (sección del alambre del bobinado, reluctancia del circuito magnético, etc.).

Entre estos dos valores extremos, el instrumento es capaz de medir valores de resistencia a tierra, y lo realiza sensando la corriente que circula por el bobinado primario del transformador, deduciéndo de tal valor la corriente de magnetización del núcleo del mismo. El valor medido estará expresado como impedancia de carga del secundario [Ω]. Estos instrumentos no están preparados para expresar un valor de resistencia a tierra igual a cero, ya que la misma puede tomar valores cercanos a cero pero nunca se da la condición ideal que sea realmente cero.

Medición de aislación

Convencionalmente, se desea medir la aislación de un sistema eléctrico para poder determinar el grado de riesgo del mismo ante un valor de sobretensión transitoria.

Generalmente, son tres los casos en que el instalador desea determinar los valores posibles de aislación, a saber:

1. En una instalación monofásica domiciliaria
2. En una instalación trifásica industrial
3. En una instalación con entrada trifásica y consumos monofásicos

Se sabe que en una instalación monofásica tenemos un polo cercano al potencial de tierra denominado neutro y el otro polo denominado vivo. La tensión nominal de red monofásica en la República Argentina es de 220 Volt eficaces. Dicho valor indica que en realidad la tensión de pico de la linea de suministro de energía es de 311,12 Volt. Para verificar que un cable posea la aislación suficiente para soportar dicha tensión, se aplica al mismo un valor de tensión controlada, comprobando que no circule corriente entre su aislante y el entorno, o que si existe una corriente, ésta sea de un valor muy reducido. El instrumento utilizado para tal operación se denomina Megóhmetro. Básicamente es una fuente de corriente continua de tensión conocida y un instrumento que mide la corriente que es proveída por la fuente, el cual está calibrado en unidad de reistencia (generalmente en millones de Ohm, MΩ).

En la Argentina, la reglamentación vigente exige ensayar la aislación de una instalación eléctrica con una tensión de CC que sea por lo menos dos veces superior a la tensión eficaz de CA que posea la linea en servicio. Además, se menciona en la misma reglamentación, que la aislación mínima deberá ser de 1.000 Ω/Volt. Por lo mencionado, los instrumentos a utilizar para verificar una instalación de 220 V, para dar cumplimiento a la reglamentación en plena vigencia, deberá aplicar una tensión de por lo menos 440 V de CC. Para las instalaciones trifásicas de 380 V de CA, la tensión de ensayo deberá ser de por lo menos 760 V de CC.

Usualmente, los instrumentos están proyectados para una tención de ensayo de 250 V; 500 V y 1.000 V de CC, por lo que se utiliza la de 500 Volt para las lineas de alimentación monofásicas y la de 1.000 Volt para las lineas de alimentación trifásica.

La escala menor de medida (250 V CC) se utiliza, según la reglamentación, para efectuar la medición de aislación en circuitos de baja tensión y entre pares telefónicos.

La metodología utilizada para realizar cualquier medición de aislación está perfectamente detallada en la norma vigente. La instalación eléctrica puede poseer más de un circuito a partir de la acometida de la empresa proveedora de energía. Lo primero que se deberá realizar es desconectar la provisión de energía y seccionar todos los circuitos mediante los interruptores o llaves térmicas correspondientes. Una vez hecho esto, se conectará el instrumento a la linea mediante sus puntas de prueba. Por lo general, todos los instrumentos poseen dos terminales identificados como LINE (del inglés linea) y EARTH (del inglés tierra), aunque en algunos equipos la denominación puede ser diferente. Luego se enciende el instrumento y se podrá leer en su escala o display (según sea analógico o digital) el valor de aislación del sistema evaluado. Nunca se deberá encender el instrumento antes de conectar las puntas de prueba, ya que en el ensayo se utilizarán tensiones elevadas de corriente continua. Por otra parte, se deberá evitar el contacto directo con el circuito a evaluar ya que pueden existir fallas en la aislación y se produciría una descarga eléctrica a través del cuerpo humano.

Medición de Capacitancia, Inductancia e Impedancia

Aunque se puede realizar la medición de los valores de capacitancia e inductancia por métodos indirectos (medición de la constante de tiempo τ en un circuito RC y RL respectivamente*), estos no son de aplicación corriente por los errores que se introducen en las diversas mediciones.

---

* Para mayores datos al respecto, consultar "Componentes Electrónicos", Pedro C. Rodríguez, Librería y Editorial Alsina, 2001, Buenos Aires, Argentina.

Por ende, las mediciones de capacitancia, insuctancia e impedancia se realizan utilizando circuitos denominados puente en los que el grado de exactitud logrado es muy superior. El circuito puente a utilizar está basado en el Puente de Wheatstone usado para la medición de resistencia. La diferencia radica en que en este caso, los valores a equilibrar en el mismo son impedancias (fig. 5.4 a y b).

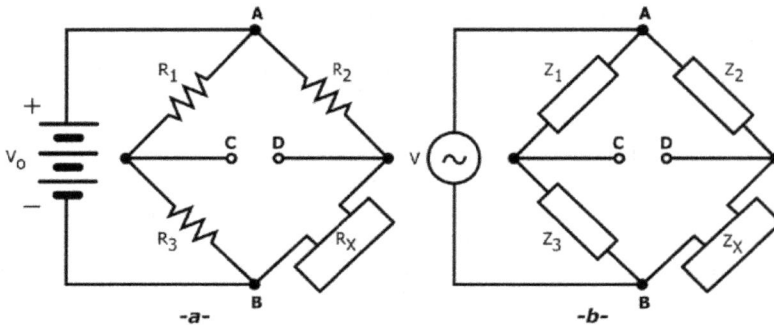

Figuras 5.4 a y b Puente de Wheatstone para medición de resistencias (CC) y para medición de impedancias (CA)

La condición de equilibrio examinada en la sección a de la fig. 5.4 es la siguiente, a saber:

$$R_X \cdot R_1 = R_2 \cdot R_3$$

siendo R_X el valor incógnita de resistencia y R_1; R_2 y R_3 resistores con valores conocidos. En dicha condición de equilibrio, la diferencia de potencial medida entre los terminales CD deberá ser nula.

Si sustituímos los resistores del puente de Wheatstone original por impedancias de naturaleza reactiva y resistiva como ilustra la sección b de la fig. 5.4, al aplicar una señal alterna entre los bornes A y B del circuito, se establecerá la siguiente ecuación de equilibrio:

$$Z_X \cdot Z_1 = Z_2 \cdot Z_3$$

Este es el principio utilizado por los instrumentos puente empleados en la medición de capacitancias, inductancias o impedancias, en este último caso, cuando hay una combinación serie o paralelo de componentes

RLC. Explicar su funcionamiento para cada tipo de caso específico escapa a los alcances fijados para este libro. Para ello, se deberá tener un manejo fluído de números complejos y cálculo fasorial. Sólo mencionaremos a título informativo que son utilizados comercialmente cinco tipos de puentes de medición de impedancia. En los tres primeros, se logra medir valores de capacitancia, mientras que en los dos últimos se logra medir inductancias. En ambos casos también se puede determinar su resistencia de fuga. Los cinco tipos de puentes mencionados son:

1. Puente de medición de capacitancia en serie:

   En este tipo de puente, la impedancia Z_3 esté conformada por un capacitor C_3 y una resistencia R_3 en serie. Las impedancias Z_1 y Z_2 son resistores R_1 y R_2. Cuando los valores asignados a tales componentes (C_3 y R_3) logren obtener una condición de equilibrio (tensión nula entre bornes CD), el valor de impedancia Z_3 será equivalente a la impedancia incógnita Z_X.

2. Puente de medición de capacitancia en paralelo:

   En este tipo de puente, la impedancia Z_3 esté conformada por un capacitor C_3 y una resistencia R_3 en paralelo. Las impedancias Z_1 y Z_2 son resistores R_1 y R_2. Cuando se logre la condición de equilibrio (tensión nula entre bornes CD), el valor de impedancia Z_3 será equivalente a la impedancia incógnita Z_X.

3. Puente de Schering:

   En este tipo de puente medidor de capacitancia, la impedancia Z_1 esté conformada por un capacitor C_1 y una resistencia R_1 en paralelo. La impedancia Z_X incógnita es un circuito serie RC. La impedancia Z_2 es un resistor R_2 y Z_3 es un capacitor C_3. De igual forma, cuando se logra la condición de equilibrio (tensión nula entre bornes CD), el valor de impedancia Z_1 será equivalente a la impedancia incógnita Z_X.

4. Puente de Maxwell:

   Este tipo de puente se utiliza para la medición de inductancia. Las impedancias Z_2 y Z_3 son resistencias variables R_2 y R_3; la Z_1 es un circuito RC paralelo, compuesto por R_1 y C_1; y Z_X es un circuilo RL serie formado por L_X y R_X. Cuando se logra la condición de equilibrio (tensión nula entre bornes CD), el valor de impedancia Z_1 será equivalente a la impedancia incógnita Z_X.

5. Puente de Hay:

   Este tipo de puente se utiliza para la medición de inductancia. Las impedancias Z_2 y Z_3 son resistencias variables R_2 y R_3; la Z_1 es un circuito RC serie, compuesto por R_1 y C_1; y Z_X es un circuito RL serie formado por L_X y R_X. Cuando se logra la condición de equilibrio (tensión nula entre bornes CD), el valor de impedancia Z_1 será equivalente a la impedancia incógnita Z_X.

BIBLIOGRAFÍA CONSULTADA

* Catálogo de instrumentación de medida, Fluke (2000).
* Distributor Direct, Tektronix, Vol. 9 (1999).
* Guía de Mediciones Electrónicas y Prácticas de Laboratorio, S. Wolf y R. F. M. Smith, Prentice Hall (1992).
* Collier's Encyclopedia, Tomo 8 y 15, The Crowell-Collier Publishing Co. (1965).
* Components for Electronics, Siemens Aktiengesellschaft (1976).
* Siemens Review, Volume XLI, Special Issue, Siemens (1974).
* Hewlett-Packard Computer Advances, Vol. 5 (Agosto 1980).
* Tekscope, Tektronix Vol. 12 N°1 (1980).
* Tekscope, Tektronix Vol. 13 N°3 (Septiembre 1981).
* Tekscope, Tektronix Vol. 13 N°2 (Junio 1981).
* Especificaciones y Boletines Técnicos de la firma Multimétrica Denko, Paraná 231, Capital Federal, Buenos Aires, ARGENTINA (e-mail: mdenko@rcc.com.ar; http//www.multimetrica.com.ar)

www.ingramcontent.com/pod-product-compliance
Lightning Source LLC
Chambersburg PA
CBHW081157090426
42736CB00017B/3370